{10×10=100 怎樣都是最受歡迎的菜}

10種主題×10道好菜＝
100道怎樣都好吃的菜。
●無論中式、東南亞、日式、
韓國及西式多國料理，
●無論任何時間、任何情境，
想做就做，想吃就吃的
超經典料理100！

10×10=100 怎樣都是最受歡迎的菜

如果一年只買一本食譜，這是你的唯一選擇！

·暢銷書作者·
蔡全成著
＋
楊馥美企畫

朱雀文化

｜一本抵10本，非買不可的食譜｜

如果你喜歡買食譜，回憶一下，你都買哪些食譜？為什麼買食譜呢？也許是想學做異國料理、宴客菜、開胃菜、麵食、經典家常菜，又或許是烹飪新手想學簡單的菜、忙碌的人想做超省時料理……，每個讀者買食譜的理由和用途都不同；因此，書店的食譜區才會放滿各式主題、五花八門的食譜書。

通常許多人買了一本食譜，可能只選了其中幾道自己喜愛、合乎需求的菜嘗試，其餘的內容往往一次也沒試過，真的很可惜。「為了讓所有買食譜的讀者不必受限於一種主題，且徹底活用書中每一道菜，無論任何時間、任何情境，只要想做就能做出合意的菜，」作者阿成和老搭檔楊馥美，特別企畫出10種最吸引人的主題，每種主題選出最受歡迎的10道菜，集結而成一本特別的食譜書。

你很少看到一本書集合了這麼多種主題，包括了：「1×10網路上詢問度最高的食譜」、「2×10最受歡迎的異國料理食譜」、「3×10新手學做馬上成功的食譜」、「4×10最簡單10分鐘搞定的食譜」、「5×10超好食慾涼拌開胃菜食譜」、「6×10新穎時尚的早餐推薦食譜」、「7×10適合招待朋友的超人氣菜」、「8×10大廚不公開的私房拿手好菜」、「9×10其實很簡單的經典料理」和「10×10一定吃得飽的定食食譜」，共100道涵蓋了中菜、東南亞、日韓及西式多國料理，一本書就能學會世界料理，有了這本書，人人都可隨時隨處隨心情隨手做出好佳餚。

只要學會了這本《10×10＝100》中的100道菜，不論是招待朋友、來餐歐式時尚早餐、炎夏提振食慾、讓全家吃得飽，甚至輕鬆露一手經典好料……，統統都可搞定。

如果一年只買1本食譜，這是你的唯一選擇。

Contents
目錄

1×10 網路上詢問度最高的食譜

2×10 最受歡迎的異國料理食譜

3×10 新手學做馬上成功的食譜

4×10 最簡單10分鐘搞定的食譜

5×10 超好食慾涼拌開胃菜食譜

6×10 新穎時尚的早餐推薦食譜

7×10 適合招待朋友的超人氣菜

8×10 大廚不公開的私房拿手好菜

9×10 其實很簡單的經典料理

10×10 一定吃得飽的定食食譜

Contents
目錄

本書閱讀之前：

1.本書中食材的量1小匙＝5克或5c.c.，1/2小匙＝2.5克或2.5c.c.，1大匙＝15克或15c.c.。
2.本書材料中的油若無特別説明，則指沙拉油。酒若無特別説明，用米酒即可。
3.所有食材於使用前需先清洗乾淨。
4.烤箱在使用前，需先預熱約10分鐘再使用，且預熱完需馬上使用。
5.為求視覺上的美觀，食譜照片中食物量可能稍多，讀者製作時仍以食譜中寫的材料量為主。
6.目錄中出現的符號，建議較無烹飪經驗的新手先嘗試，成功率100%。

1×10
網路上詢問度最高的食譜

今天很想吃麻婆豆腐，可是不會做怎麼辦？你是否想打開電腦上網路搜尋？這裡告訴你網路上詢問度較高的食譜，當然一定是受歡迎的！

10×10

台灣到處都是異國料理餐廳，告訴你哪些異國料理最受大家喜愛，學會這些料理，不用上館子，在家自己做全家吃。

2×10 最受歡迎的異國料理食譜

編輯悄悄話：
至今吃過的麻婆豆腐不下數十次，不知道加入
的醬汁或調味料的不同，會影響麻婆豆腐的風
味嗎？這一次阿成用偏深黑色的醬油來做，讀
者若嫌黑色太深，可加入些許蕃茄醬來調色。

01 麻婆豆腐

| 材料 |

豆腐1盒、絞肉60克、辣豆瓣醬2大匙、花椒粒1大匙、蒜粒1大匙、蔥花2大匙

| 高湯 |

雞骨1,000克、豬骨1,000克、水6,000c.c.、鹽1小匙、蔥100克、薑50克、胡蘿蔔100克、洋蔥100克

| 調味料 |

高湯300c.c.、蠔油1大匙、醬油1大匙、酒2大匙、糖1大匙、太白粉適量

| 做法 |

1 豆腐切約1.5公分的小方塊，瀝乾水份。

2 製作高湯：將雞骨和豬骨塊放入滾水中汆燙，去除血水和雜質。再將胡蘿蔔塊、洋蔥塊、蔥段和薑片、豬骨和雞骨放入鍋中，倒入6,000c.c.的水，先以大火煮滾，撈出泡沫和雜質，改小火煮約3小時，加入鹽即成。

3 鍋燒熱，倒入1小匙麻油，先開小火熱油成低油溫，放入花椒粒炒，待炒出香味取出花椒粒，續入蒜粒、絞肉炒香，再加入辣豆瓣醬炒勻。

4 倒入調味料煮，待煮滾後轉小火，放入豆腐，以小火煮約8分鐘使其入味，倒入太白粉勾芡稍微拌勻，盛入盤中並撒上蔥花即成。

tips

1. 炒花椒粒時，可先用冷油下去慢慢加熱，直到炒出香味。記得避免用高油溫炒，會炒出焦味。豆腐可選用板豆腐或絹豆腐。
2. 做一盤漂亮的麻婆豆腐可是有秘訣的，在做法4.中放入豆腐時，可用鍋鏟推動豆腐，撇步在於：只可將鍋鏟往上的方向推，鍋鏟不可來回推動豆腐，否則豆腐會破破爛爛。

編輯悄悄話：
拍攝當天，阿成喊著：「愛吃辣的人有福了！」手裡還拿著一碗紅通通的食物走過來，原來這是他特製的辣味紅油抄手。吃了一口，還真是辣到家了！

02 紅油抄手

| 材料 |

市售餛飩12顆、豆芽菜20克、小白菜40克

| 紅油 |

辣油2大匙、花椒粉1/2大匙、蒜末1大匙、辣豆瓣醬3大匙、白醋1大匙、蔥花4小匙、蠔油1大匙

| 做法 |

1 製作紅油：將所有的材料倒入鍋，以小火炒勻。

2 鍋中倒入水煮滾，放入餛飩煮熟，續入小白菜、豆芽菜燙熟，全部撈起，瀝乾水份。

3 將餛飩、小白菜和豆芽菜倒入紅油中拌勻即成。

tips

做法1.中在炒紅油時，不可用大火翻炒，以中火即可，可避免燒焦影響了香味。

03
台式炒麵

｜材料｜

油麵200克、豬肉60克、洋蔥20克、小白菜60克、大蒜10克、沙蝦100克、辣椒10克

｜調味料｜

酒2大匙、醬油3大匙、柴魚精1大匙、胡椒粉少許、高湯200c.c.、太白粉水適量

｜做法｜

1 油麵先用手撥散。豬肉、洋蔥切絲。小白菜切適當大小後洗淨。大蒜、辣椒切片。高湯做法參照p.9。

2 鍋燒熱，倒入2大匙油，先放入蒜片、洋蔥絲和辣椒片拌炒，續入肉絲、沙蝦炒香，再倒入調味料。

3 放入油麵，以中火拌炒均勻，使湯汁完全讓麵吸收、入味，然後加入小白菜拌炒，最後倒入太白粉水勾芡即成。

tips

1. 豬肉絲在烹煮前，可先以1小撮鹽、1/4個蛋白和適量的太白粉醃約10分鐘，肉絲較容易入味。
2. 勾芡太白粉水的比例是太白粉1:水1.5或太白粉1:水1。

編輯悄悄話：
一直以為炒飯是道再簡單不過的料理，但在網路上一搜尋，發現真有很多人詢問做出美味炒飯的竅門。如果你也想做好吃的炒飯，不妨參照阿成提供的Tips，再依個人的喜好變換材料，一盤炒飯輕鬆上桌。

tips

1. 製作炒飯最好選擇冷白飯，但如果剛好沒有冷白飯而需現煮時，可將飯粒煮硬一點。
2. 在煮飯前，可先加入少許油一起煮飯，炒飯時飯粒會比較好炒，不會變成一坨坨。

04 什錦炒飯

｜材料｜

白飯300克、豬肉40克、蝦仁50克、蟹腿肉40克、雞蛋2個、蔥花4小匙、洋蔥20克、菠菜梗20克、豬油適量

｜調味料｜

鹽1大匙、醬油1大匙、柴魚精1大匙、胡椒粉適量

｜做法｜

1 豬肉切絲。洋蔥、菠菜梗切丁。蝦仁洗淨，用刀剖開蝦背，挑去腸泥，用布吸乾蝦仁外表水份。

2 鍋燒熱，倒入少許油，以中火加熱，打入蛋液後以鍋鏟炒散，取出。

3 原鍋中放入洋蔥丁炒香，續入肉絲、蝦仁和蟹腿肉一起炒香炒熟。

4 倒入白飯和蛋，加入鹽、柴魚精和胡椒粉，以鍋鏟將白飯和料向下壓散，再以大火拌炒勻，倒入醬油、蔥花和菠菜梗拌炒幾下即成。

05 傳統油飯

｜材料｜

長糯米500克、五花肉150克、乾香菇40克、蝦米30克、紅蔥頭30克

｜調味料｜

醬油50c.c.、米酒100c.c.、水100c.c.

｜做法｜

1. 長糯米洗淨後泡水約6小時，瀝乾水份，放入蒸籠內蒸熟。
2. 五花肉切絲。紅蔥頭切片。乾香菇泡水至軟，去掉蒂頭切絲。蝦米洗淨後泡水約10分鐘，瀝乾水份。
3. 製作餡料：鍋燒熱，倒入3大匙豬油，續入紅蔥頭片爆香，再依序放入肉絲、香菇絲、蝦米炒，待炒香後改小火燜煮約15分鐘。
4. 將蒸好的糯米飯和全部材料一起倒入鍋中，以小火拌勻即成。

tips

1.做法3.中在燜煮餡料時，需以小火燜煮，才能保持餡料中的湯汁，之後才能和糯米飯拌勻。
2.豬油做法參照p.72的Tips。

10×10

編輯悄悄話

小時候一直以為油飯只有在彌月送禮或特殊節日才吃得到，後來看到路邊有賣油飯的攤販，才知道隨時都可以吃。這次我也參考以上的食譜在家試做，發現沒有想像中那麼難。

tips

1. 雞腿肉也可先用鍋子炒香，然後再放入湯汁中煮，肉會更香。
2. 調味料中的水也可以改用柴魚高湯。將5克昆布用濕毛巾擦拭乾淨。鍋中倒入1,700c.c.的水和昆布，以中火煮至水滾後撈出昆布，再倒入100c.c.的水，加入50克柴魚花煮至沸騰，撈去湯表面的雜質泡沫，最後以棉布過濾出純湯汁即成。

06 雞肉蓋飯

｜材料｜

去骨雞腿肉150克、雞蛋2個、洋蔥50克、蔥20克、白飯180克

｜調味料｜

水120c.c.、醬油21/2、味醂21/2 大匙

｜做法｜

1. 雞腿肉切約3公分的塊狀。雞蛋打入碗中輕輕打散。洋蔥切粗絲。蔥切絲。
2. 製作雞肉料：將120c.c.的水倒入碗中，放入洋蔥絲、醬油和味醂煮滾，續入雞腿肉，以小火煮5～6分鐘，倒入蛋液，蓋上鍋蓋燜煮約1分鐘，加入蔥絲即成。
3. 將白飯盛入大碗中，淋上雞肉料即成。

編輯悄悄話：

這道雞肉蓋飯是常見的日式定食，最大的特色是肉質鮮嫩的雞腿肉，以及用洋蔥絲、味醂煮的甜味醬汁，和著蛋液、白飯一起吃最可口。

tips

1. 牛腩，是廣東人所說牛腹部下側的肉。通常在傳統市場或超市都買得到，其中，新鮮的又比冷凍的品質好，口味佳。
2. 切記煮牛腩時火侯不可太大，需用小火慢慢燉煮才會爛。

07 紅燒牛肉

| 材料 |

牛腩250克、白蘿蔔120克、胡蘿蔔60克、蕃茄100克、洋蔥60克、蔥20克、薑20克、檸檬水40c.c.、水1,000c.c.

| 調味料 |

醬油8小匙、蕃茄醬2大匙、冰糖1大匙、酒2大匙、水700c.c.

| 做法 |

1 白蘿蔔、胡蘿蔔去皮後切塊。蕃茄、洋蔥切塊。蔥切段。薑切片。

2 牛腩切塊。鍋中倒入水，放入蔥段、薑片和檸檬水煮，待煮滾後放入牛腩塊燙去血水，撈出。

3 鍋燒熱，倒入2大匙油，放入蕃茄塊、洋蔥塊爆香，續入牛腩塊，以大火翻炒，加入白蘿蔔、胡蘿蔔和調味料，以大火煮滾，再改小火燉煮約50分鐘，至牛腩塊變爛即成。

編輯悄悄話：
平日自己在家裡煮牛腩，總是無法煮到軟爛易咬的程度。這次參考本頁右上方Tips中的第2點，就能輕易煮爛牛腩了。

08 薑絲炒大腸

｜材料｜

薑40克、大腸180克、青蒜10克、麵粉30克、酒25c.c.、醋25c.c.

｜煮大腸料｜

薑片10克、蔥段10克、酒50c.c.、水800c.c.、鹽1大匙、香油1大匙

｜調味料｜

酒2大匙、白醋60c.c.、醬油1大匙、味醂2大匙、鹽1大匙、糖適量、白胡椒粉少許、太白粉水少許

｜做法｜

1 薑、青蒜切絲。用麵粉搓洗大腸後以清水沖去黏液，再加入酒精和醋搓洗去除腥臭味。

2 大腸洗淨後放入滾水中稍微汆燙，取出放入鍋中，加入煮大腸料，以小火煮約40分鐘，至大腸可用筷子穿過，取出切段。

3 鍋燒熱，倒入1大匙油，放入薑絲炒香，續入大腸稍微翻炒，加入調味料，以小火煮一下。

4 倒入太白粉水勾芡，淋上香油後盛入盤中，撒上青蒜絲即成。

tips

如何知道大腸煮熟了，只要在煮大腸時，煮到可用筷子穿過大腸的程度或煮爛即可。

10 10

編輯悄悄話：
客家人的我，從小到大不知道吃過多少次薑絲炒大腸。這道菜最怕的就是大腸沒有處理乾淨，吃起來會有怪味道。而這道菜是相當有名的客家菜，當你來客家縣市、村莊旅遊時，別忘了嚐嚐看。

09 韭菜豬肉水餃

｜材料｜

市售水餃皮300克、豬絞肉300克、韭菜300克、薑泥4小匙、蒜泥4小匙

｜調味料｜

醬油2大匙、米酒50c.c.、胡椒粉1大匙、麻油1大匙、鹽適量

｜做法｜

1. 韭菜洗淨瀝乾水份，切成末。
2. 製作餡料：將絞肉、薑泥、蒜泥和調味料一起倒入容器中拌勻，並輕輕摔打至有黏性，加入韭菜末拌勻。
3. 將水餃皮攤開，放上適量的餡料，將上下兩邊皮對摺包起，再於接口處摺出皺摺使其黏緊，使水餃成元寶狀。
4. 鍋中倒入水煮滾，先滴入少許香油，放入水餃煮熟，以小火煮熟即成。

tips

1.用小火煮水餃，可避免煮破水餃皮，待水餃浮在水面，再煮2～3分鐘就熟了。
2.韭菜可先以少許鹽抓一下，抓去多餘水份，這樣包入餡中可保持餡料不易出水。

編輯悄悄話：
將包好的水餃放在冷凍庫中，忙了一天回家後，只需放入滾水中煮熟就能食用，對忙碌的上班族來說，簡單就是一種幸福。

tips

1. 湯圓很容易黏鍋底，所以烹煮時，記得要不時輕輕攪動湯圓，避免黏鍋破皮。
2. 做法2.中可選用豬油來爆香紅蔥頭片，味道比較香。豬油做法參照p.72的Tips。

10 鮮肉大湯圓

｜材料｜

市售鮮肉湯圓1盒、蝦仁50克、豬肉50克、胡蘿蔔10克、豆芽菜30克、小白菜40克、紅蔥頭10克

｜調味料｜

高湯1,000c.c.、鹽1大匙、醬油1大匙、柴魚精適量、白胡椒粉適量、油1大匙

編輯悄悄話：
湯圓種類很多，有客家人的招牌紅白小湯圓，還有芝麻湯圓、酒釀湯圓等等。其中，我最愛的是包著滿滿鮮肉的鮮肉大湯圓。但湯圓好吃，因湯圓皮是糯米製作，較不易消化，不能吃過量。

｜做法｜

1. 豬肉切絲。胡蘿蔔、紅蔥頭切片。蝦仁洗淨，用刀剖開蝦背，挑去腸泥，用布吸乾蝦仁外表水份。高湯做法參照p.9。
2. 鍋燒熱，倒入少許油，放入紅蔥頭片爆香，續入肉絲、蝦仁炒香，再放入胡蘿蔔，倒入高湯煮滾，加入湯圓以小火煮。
3. 待湯圓煮熟，加入調味料，最後放入小白菜、豆芽菜即成。

編輯悄悄話：
這道椒麻雞是餐廳中很有人氣的一道菜，鮮嫩的雞腿肉先炸過，再淋上特製的椒麻醬，酸酸辣辣，保證大人小孩都愛吃。

11 泰式椒麻雞

|材料|

去骨雞腿肉220克、沙拉油1,500c.c.、高麗菜100克、蔥20克、九層塔適量、蕃茄適量、香菜少許、麵粉120克

|椒麻醬|

蔥末2大匙、蒜末2大匙、辣椒末4小匙、蠔油70c.c.、白醋2大匙、糖5小匙、花椒粉1/2大匙、白胡椒粉適量、香油2大匙、辣油1大匙

|醃料|

酒1大匙、糖1大匙、醬油2大匙、胡椒粉適量

|做法|

1 雞腿肉洗淨擦乾，在肉厚處以刀尖劃開，倒入醃料充分拌勻醃約15分鐘，再均勻沾裹一層麵粉。高麗菜、蔥切絲。

2 鍋燒熱，倒入1,500c.c.的沙拉油，待油溫升至170℃（試將蔥丟入鍋中馬上起大泡泡），慢慢放入肉塊炸，炸至外表呈金黃色，撈出瀝乾油份。

3 製作椒麻醬：鍋燒熱，倒入2大匙的香油，放入蔥末、蒜末和辣椒末，以小火炒香，再放入剩餘的調味料煮滾即成。

4 將高麗菜絲鋪在盤中，放上雞腿肉，淋上椒麻醬，撒上蔥絲、九層塔即成。

1.也可以先將雞腿肉切成小塊去醃，可以節省油炸的時間。
2.如果買不到花椒粉，可取花椒粒放入鍋中，不用加入油，以小火炒香再磨成粉即可。

編輯悄悄話：
又是一道重口味的異國美食，光看一眼就很促進食慾，若有三兩好友到家裡聚餐，是很值得推薦的主食之一。

12 海鮮燉飯

｜材料｜

白米1杯（180c.c.的量杯）、花枝50克、蝦子60克、生干貝50克、蛤蜊8個、洋蔥30克、青椒20克、蕃茄50克、大蒜15克、巴西里末1小匙、起司粉適量、奶油適量

｜香料｜

月桂葉1片、義大利香料1小匙

｜調味料｜

酒40c.c.、鹽1大匙、胡椒粉適量、奶油30克、蕃紅花粉少許、蕃茄糊1大匙、高湯500c.c.

｜做法｜

1 花枝去內臟洗淨切圈狀。蝦子剝去外殼，挑除腸泥。干貝、蛤蜊洗淨。洋蔥、青椒和蕃茄切丁。大蒜切片。白米洗淨瀝乾水份。高湯做法參照p.9。

2 鍋燒熱，倒入適量的奶油，放入洋蔥丁、青椒丁和蒜片炒香，續入蝦子、干貝、花枝圈、蛤蜊拌炒，最後加入蕃茄丁、香料、白米和調味料，以大火煮滾，再改成小火，蓋上鍋蓋。

3 待白米煮熟盛出，撒上巴西里末、起司粉，挑出月桂葉即成。

tips

1. 在燜煮白飯時，若怕海鮮煮過頭，可以先撈起來，待米煮熟後再放入翻炒幾下即可。
2. 蕃紅花粉是金黃色的，帶有香氣。只要將少許番紅花粉溶於水或高湯加入食材中，就能做出黃金顏色的料理，最常見的就是用在西班牙海鮮飯或馬賽魚湯中。可在百貨公司超市或進口食材店中買到。

tips

鋪上起司片，烤出來會比較軟，若改用起司絲，則烤出來較硬，但味道較香，兩者都可依個人喜好選用。

13 海鮮焗烤

|材料|

蝦子100克、花枝120克、蛤蜊100克、蟹腿肉80克、洋蔥末2大匙、起司片2片、蔥花2小匙、巴西里適量

|調味料|

酒2大匙、無糖鮮奶油300c.c.、鹽1大匙、胡椒粉適量

編輯悄悄話：
焗烤料理廣受大家的喜愛，綜合海鮮更是接受度最高的口味。焗烤料理要好吃，除了料實在外，品嚐時機更是關鍵，記得要趁熱馬上吃，一旦冷了，就吃不出濃厚的奶油起司味了。

|做法|

1 將蝦子、蟹腿肉、蛤蜊、花枝放入滾水中汆燙約20秒，立即撈出。起司片撕成小片。花枝切圈。

2 鍋燒熱，倒入2大匙奶油，先加入洋蔥末炒香，續入蝦子、蟹腿肉、蛤蜊、花枝炒香，再倒入調味料，拌炒均勻後盛入烤皿內，撒上蔥花，鋪上起司片。

3 烤箱先以180℃預熱約10分鐘，將烤皿放入烤箱中，以180℃烤至表面上色，以巴西里點綴即成。

14 韓式煎餅

｜材料｜

蝦仁40克、花枝40克、蛤蜊肉30克、洋蔥30克、韭菜30克、蔥50克、胡蘿蔔20克、蔥絲20克

｜麵糊｜

麵粉2杯（180c.c.的量杯）、雞蛋1個、鹽1大匙、醬油1大匙、糖1大匙、水180c.c.

｜沾醬｜

韓式辣醬50克、美乃滋30克

｜做法｜

1 蝦仁洗淨，用刀剖開蝦背，挑去腸泥，用布吸乾蝦仁外表水份。花枝切小塊。蛤蜊燙熟後取出肉。洋蔥、胡蘿蔔和20克的蔥切絲。韭菜和30克的蔥切段。

2 麵糊放入深碗，用攪拌器拌均勻。

3 將所有材料倒入麵糊中拌勻。

4 鍋燒熱，倒入2大匙油，倒入麵糊料，以鍋鏟將麵糊料壓平放於鍋子中央，以中小火煎至餅的底面焦黃，再翻面煎至酥脆焦黃，取出切塊盛盤。食用時可搭配沾醬。

麵糊中也可以加入酥炸粉，比例是麵粉1:酥炸粉0.2，可使煎好的麵餅較酥脆好吃。亦可在材料中加入韓式泡菜。

編輯悄悄話：
這類煎餅只要學會調麵糊，即可依個人喜好加入肉類或蔬菜料，變化成自家的招牌菜。我喜歡放入花枝塊、蟹肉等海鮮料，食用時搭配日式鹹味美乃滋和大阪燒醬，就是大阪燒了。

15 月亮蝦餅

｜材料｜

春卷皮6張、蝦仁200克、絞肉100克（絞2次）、洋蔥末4小匙、泰式甜辣醬50c.c.、油1,500c.c.、九層塔適量、香菜適量、巴西里適量、蕃茄適量、檸檬片1個

｜調味料｜

酒2大匙、醬油1大匙、鹽1大匙、胡椒粉適量、太白粉3大匙

｜做法｜

1 製作餡料：蝦仁洗淨，用刀剖開蝦背，挑去腸泥，用布吸乾蝦仁外表水份，再以刀背拍碎，放入絞肉一起剁成泥狀，加入調味料拌勻。

2 製作蝦餅：攤開春卷皮，鋪上餡料，以刮刀抹平，再鋪上一層春卷皮，對折成半圓蝦餅，以牙籤在春卷皮上刺幾個小洞。

3 鍋燒熱，倒入約1,500c.c.的油，待油溫至約170℃，放入蝦餅，以中火炸至酥脆呈金黃色，撈出瀝乾油份，切開排盤即成。

tips

1.以牙籤在蝦餅上刺幾個小洞，可使餅內水蒸氣跑出，避免餅上出現氣泡。
2.泰式甜辣醬可在東南亞食材店中買到。
3.170℃的油溫，是指若將一塊蔥丟入油鍋會立刻起大泡泡。

10 10

編輯悄悄話：
月亮蝦餅是泰式餐廳中點菜率高的一道菜，但不一定非得在餐廳才能吃到，只要利用春卷皮，新鮮的蝦子，再搭配獨特的泰式甜辣醬，自己在家就能做。

tips

紅咖哩比較辣，如果不敢吃太辣，可以減少用量，或者以其他咖哩粉來替代。

16 椰汁咖哩雞

| 材料 |

去骨雞腿肉250克、洋蔥80克、青椒80克、辣椒10克、大蒜10克、九層塔適量

| 調味料 |

酒2大匙、椰漿300c.c.、紅咖哩80克、魚露1大匙、高湯150c.c.、糖1/2大匙

| 做法 |

1 雞腿肉切小塊。洋蔥、青椒、大蒜和辣椒切片。高湯做法參照p.9。

2 鍋燒熱，倒入1大匙油，先放入蒜片、洋蔥片、辣椒片炒香，續入雞肉炒香且熟，倒入紅咖哩稍微拌炒，再倒入剩餘的調味料，先以大火煮滾，再改小火煮約6分鐘。

3 加入青椒片、九層塔稍微翻炒即成。

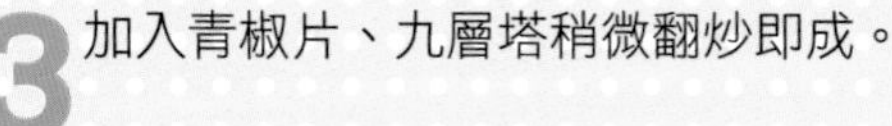

編輯悄悄話：
以香濃的椰汁入菜，是東南亞菜的特色。像這道菜當中的紅咖哩很辣，但加入了椰汁能中和辣度，只要嚐一口，便顛覆你對傳統咖哩飯的印象。

粿條若放入冰箱變硬不好炒，可以先用熱水稍微浸泡至變軟再使用。

17 星洲咖哩炒粿條

| 材料 |

粿條300克、豆芽菜60克、蝦仁80克、肉片50克、韭菜40克、香菜適量、洋蔥40克

| 調味料 |

酒2大匙、醬油2大匙、咖哩粉2大匙、糖1大匙、胡椒粉適量、高湯50c.c.

編輯悄悄話：
通常我們吃到的是粿條湯、醬料乾拌粿條，而這道加入咖哩粉製作成的重口味炒粿條，讓你嚐嚐在新加坡粿條的另類吃法，口味不比台式的差喔！

| 做法 |

1 將粿條切成約1.2公分寬，以手剝散。蝦仁洗淨，用刀剖開蝦背，挑去腸泥，用布吸乾蝦仁外表水份。洋蔥切粗絲。高湯做法參照p.9。

2 鍋燒熱，倒入2大匙油，放入洋蔥絲爆香，續入蝦仁、肉片炒熟且外表帶著焦黑色。再加入粿條稍微翻炒，倒入調味料炒勻。

3 加入豆芽菜、韭菜稍微翻炒至入味，盛盤後撒上香菜即成。

18 打拋牛肉

| 材料 |

牛肉片200克、蔥段20克、蒜末1小匙、辣椒20克、洋蔥30克、九層塔40克

| 醃料 |

醬油1大匙、酒1大匙、雞蛋1/3個、太白粉2大匙

| 調味料 |

醬油1大匙、砂糖11/2大匙、魚露2大匙、酒2大匙

| 做法 |

1 牛肉片先用醃料醃約20分鐘，取出以刀子稍微剁散。蔥切段。辣椒切片。洋蔥切粗絲。

2 鍋燒熱，倒入1大匙油，放入蔥段、蒜末、辣椒片和洋蔥絲爆香，續入牛肉片，以大火快炒至半熟。

3 加入調味料，再放入九層塔炒軟且入味即成。

tips

1. 打拋，是泰文「Bagapao」的音譯，有指打拋葉，台灣則多用九層塔或專用的打拋辣醬。若你有打拋辣醬，可取代材料中的調味料直接使用，但若買不到，可參照本頁中調味料以醬油、砂糖、魚露和酒取代。
2. 調味料中的醬油以泰國金山醬油為佳，若買不到可用一般醬油取代，但味道略有不同。

編輯悄悄話：

正宗的打拋肉因加入了當地的調味料，吃起來超辣無比。這裡介紹的是稍微改良過的打拋牛肉，一般辣度，讓更多人都能試試看。

編輯悄悄話：
東南亞因為天氣炎熱，所以當地料理多酸辣或重口味，像這道酸辣花枝，光看或聞到味道，就能增進食慾，是酷夏最佳開胃菜。

19 酸辣花枝

| 材料 |

透抽160克、美生菜100克、小黃瓜片40克、洋蔥40克、胡蘿蔔20克、蕃茄60克、香菜10克、九層塔10克、檸檬片20克

| 調味料 |

泰式酸辣醬120c.c.、檸檬汁30c.c.、小辣椒末1小匙、魚露1大匙

| 做法 |

1 將透抽橫切圈狀，頭部切小塊，放入滾水中汆燙至熟，放入冰水冰鎮至涼。

2 美生菜用手剝小片。小黃瓜切片。洋蔥切絲後放入冷水泡去辛味。蕃茄切一半。胡蘿蔔切絲。

3 將所有材料放入容器中，倒入調味料拌勻即成。

tips

1.可以再加入西洋芹來增加香味。
2.泰式酸辣醬就是泰式東陽醬（Tom Yum Paste），可用來炒菜或燉食材，在一般超市買得到。

編輯悄悄話：
早在這幾年韓國菜在台灣大為流行前，泡菜早已
融入我們的日常生活，像這道泡菜豬肉飯就是美
食街韓國小店的人氣飯。不過，你也可以改成台
式泡菜來炒，風味不同，但另有一番美味。

20 超辣泡菜豬肉飯

| 材料 |

韓式泡菜120克、肉片100克、豆芽菜30克、洋蔥30克、蔥20克、白飯100克

| 調味料 |

韓式辣椒醬1大匙、酒2大匙、味醂2大匙、醬油適量、高湯60c.c.

| 做法 |

1 蔥切絲。洋蔥切粗絲。泡菜切小塊。高湯做法參照p.9。

2 鍋燒熱，倒入1大匙油，放入洋蔥絲炒香，續入肉片炒至全熟，再加入豆芽菜、泡菜快炒，再倒入調味料炒至入味且湯汁收乾。

3 將白飯放入盤中，盛入煮好的泡菜豬肉，撒些蔥絲即成。

在做法3.中，也可將白飯一起放入快炒，使泡菜汁更能滲入白飯中，以中火慢慢煎出鍋巴，再翻面重複動作，就能做出類似石鍋拌飯的料理。

3×10
新手學做馬上成功的食譜

這麼簡單的食譜，就算從來沒做過菜的你，邊看食譜內容邊演練，也能快速學會，馬上做馬上吃。

10×10

即使是忙碌的上班族，還是想吃自己
親手做的菜吧！不妨試試這些10分鐘
就能搞定的菜，絶不浪費時間。

4×10
最簡單10分鐘搞定的食譜

21 空心菜炒牛肉

｜材料｜

空心菜150克、牛肉150克、大蒜10克、辣椒10克、

｜調味料｜

醬油1大匙、酒1大匙、糖少許、胡椒粉少許、太白粉水適量、油300c.c.

｜醃料｜

醬油1大匙、雞蛋1/2個、黑胡椒粉少許、太白粉2大匙

｜做法｜

1 空心菜去掉老梗老葉切小段。牛肉、大蒜和辣椒切片。將牛肉片放入醃料醃約10分鐘。

2 鍋燒熱，倒入300c.c.的油，待油溫升至90～100℃，放入牛肉片拌炒至八分熟，撈出。

3 另一鍋燒熱，倒入少許油，放入蒜片、辣椒片炒香，續入空心菜，以大火快炒至菜變軟，倒入牛肉片和醬油、酒、糖以及胡椒粉稍微翻炒，最後加入太白粉水勾芡即成。

tips

1.牛肉先過溫油可保持牛肉的鮮嫩。
2.90～100℃的油溫不高，可在鍋熱後倒入油，放入牛肉，當肉慢慢變色約是90℃。

編輯悄悄話：

這道菜若將牛肉直接炒，不需過油的方法，真正做的時間不到3分鐘，很合乎「3步驟完成」、「5分鐘搞定」的目標，所以是大忙人要學的。

22 魚香茄子

｜材料｜

茄子250克、絞肉80克、薑2小匙、大蒜2小匙、蔥4小匙、蝦米末1大匙、香菜適量、油1,200c.c.

｜調味料｜

酒1大匙、醬油1大匙、辣豆瓣醬2大匙、糖1大匙、高湯250c.c.、太白粉水適量

｜做法｜

1 薑、大蒜、蔥和蝦米切末。高湯做法參照p.9。

2 茄子洗淨切段，放入鹽水中浸泡約5分鐘，撈出瀝乾水份。

3 鍋燒熱，倒入1200c.c.的油，放入茄子炸至其變軟且外皮顏色變得油亮鮮豔，撈出瀝乾油份。

4 另一鍋燒熱，倒入少許油，放入薑末、蒜末和蔥末爆香，續入蝦米末、絞肉翻炒數下，倒入調味料翻炒，加入茄子，以小火煮至入味，最後倒入太白粉水即成。

tips

茄子可先放入鹽水中泡，可防止茄肉變黑。另外，也可以將茄子換成絲瓜，味道也不錯。

編輯悄悄話：

如果你不喜歡吃茄子，那我一定要推薦魚香茄子。一半的肉末和一半的茄子，還有辣調味料，茄子變好吃了！

豬肉絲可先以1大匙鹽、1個蛋白、1大匙酒和2大匙太白粉醃約10分鐘，肉絲吃起來口感更嫩。

編輯悄悄話：
榨菜本身就很鹹，這道菜不用再加鹽了，但可以加些辣椒提味。你可以在家事先做好，隨時搭配白飯或麵條都OK，推薦給忙得沒空下廚的人。

23 榨菜炒肉絲

｜材料｜

榨菜80克、豬肉150克、蔥20克、大蒜10克、辣椒10克

｜調味料｜

醬油1大匙、糖1/2大匙、高湯100c.c.、胡椒粉少許

｜做法｜

1 豬肉切絲。蔥切段。大蒜切片。辣椒切圈。榨菜切絲，以清水稍微沖洗，撈起擠乾水份。高湯做法參照p.9。

2 鍋燒熱，倒入1大匙油，放入蔥段、蒜片和辣椒爆香，續入肉絲炒至肉絲散開，再放入榨菜絲炒，待炒出香味，加入調味料以大火翻炒，炒至稍微收汁即成。

泰式辣醬可先和高湯拌勻，避免炒不散辣醬，口感不佳。泰式辣醬可在泰國食材行或傳統市場買到。

編輯悄悄話：
阿成很高興的跟我現了這瓶我沒看過的辣醬，他說這是神秘武器！我吃了的感覺是：「像品酒般，前味是甜，後勁帶辣」，的確適合炒高麗菜。

24 泰式辣炒高麗菜

｜材料｜

高麗菜180克、蔥20克、大蒜10克、辣椒10克

｜調味料｜

泰式辣醬2大匙、酒1大匙、高湯30c.c.

｜做法｜

1 高麗菜切適當大小片狀。蔥切絲。辣椒、大蒜切斜片。高湯做法參照p.9。

2 鍋燒熱，倒入1大匙油，先放入辣椒片、大蒜片爆香，續入高麗菜以大火快炒，倒入調味料拌炒至入味即成。

tips

如果不喜歡吃九層塔，也可以換成空心菜或者高麗菜。

編輯悄悄話：
雖然很好吃，但沒想到沙茶醬會滲出那麼多油，建議愛苗條的女性可以少放一些沙茶醬。

25 沙茶炒羊肉

｜材料｜

羊肉200克、洋蔥20克、辣椒10克、大蒜10克、九層塔適量

｜醃料｜

醬油1大匙、沙拉油1/2大匙、胡椒粉適量、酒1大匙、糖1小匙

｜調味料｜

沙茶醬2～3大匙、醬油2大匙、糖1大匙、烏醋1大匙、酒2大匙、高湯100c.c.

｜做法｜

1 洋蔥、大蒜和辣椒切片。羊肉切薄片，加入醃料醃一下。高湯做法參照p.9。

2 鍋燒熱，倒入少許油，放入洋蔥片、蒜片爆香，放入九層塔略炒。續入羊肉、調味料和醃肉的剩餘醬汁炒至羊肉熟，再放入辣椒片稍微快炒即成。

tips

這裡的調味料也可以改用白醬，用白醬去焗烤同樣美味，白醬的做法可參照p.60。

編輯悄悄話：
這是較少見到的焗烤料理，它特別的是盛裝的容器，這次不用焗烤碗，直接用干貝外殼，吃完就丟不用洗，還很環保。

26 起司焗干貝

｜材料｜

扇貝2個、洋蔥10克、蔥花1小匙、高麗菜30克、起司條30克

｜調味料｜

鹽1小撮、酒適量、胡椒粉適量

｜做法｜

1 洋蔥、高麗菜切絲。

2 扇貝洗淨，然後將洋蔥絲、高麗菜絲放在干貝柱上，撒上調味料，放入已預熱的烤箱，以180℃將扇貝烤至約八分熟。

3 將扇貝取出，繼續放上起司條，撒上蔥花，再次送入烤箱，以180℃將起司條烤成金黃色即成。

27 蝦仁烘蛋

| 材料 |

蝦仁120克、雞蛋5個、洋蔥末4小匙

| 調味料 |

鹽1小匙、醬油1大匙、胡椒粉適量、酒適量

| 做法 |

1 蝦仁洗淨，用刀剖開蝦背，挑去腸泥，用布吸乾蝦仁外表水份。洋蔥切末。

2 鍋燒熱，倒入2大匙油，放入蝦仁和洋蔥末炒熟。撈出蝦仁和洋蔥末放入容器中，加入雞蛋和調味料拌勻。

3 原鍋再燒熱，倒入少許油，待油熱後，將拌好的蝦仁等全部倒入，煎至蛋液快凝固時翻面再煎至熟即成。

tips ×10

1.煎蛋時可用不沾鍋，能減少油的用量，避免攝取過多油量。
2.這道菜是以像蛋糕烘烤的方式將蛋烘熟，所以叫「烘」蛋。

編輯悄悄話：
我在自助餐枱上常看到這道菜，吃起來軟軟嫩嫩，除了以上材料，可再加一些青豆仁。

28 蒜茸蒸蝦

| 材料 |

草蝦200克、蔥花4小匙

| 蒜茸醬 |

蒜泥50克、醬油80c.c.、酒50c.c.、味醂2大匙、糖1大匙

| 做法 |

1 草蝦從背部切開但不切斷，挑除腸泥，再將腹部的筋剪斷後洗淨。

2 製作蒜茸醬：將蒜茸醬的材料放入碗中拌勻。

3 將草蝦背部切開處撐開，淋上蒜茸醬，一隻隻蝦排入平盤中，放入蒸鍋，以大火蒸約5分鐘至草蝦熟，整盤取出撒上蔥花即成。

編輯悄悄話：
濃厚的蒜茸味很適合下酒，我私下把它歸在下酒菜，做法連廚藝不甚佳的我都覺得簡單，大家應該都會成功。

29 蒜泥白肉

｜材料｜

梅花火鍋肉片200克、高麗菜100克、蔥10克、香菜適量、辣椒適量

｜調味料｜

蒜末2小匙、醬油膏2大匙

｜做法｜

1 高麗菜、蔥切絲。

2 將高麗菜絲鋪在盤子上。

3 鍋中倒入水煮滾，放入肉片稍微汆燙，撈起瀝乾水份後放在高麗菜絲上。

4 將調味料混合拌勻，直接淋在肉片和高麗菜絲上即成。

tips

豬的梅花肉是指豬前腿部分（胛心肉）上面靠近脊椎骨的肉，切開後肉片上有點點梅花狀，所以稱為「梅花肉」。

編輯悄悄話：

常看到的做法是將肉切成厚片，今天是切薄片，汆燙後會捲起來。這道蒜泥白肉看起來很清淡，尤其適合減肥中的人吃。

30 三杯雞

｜材料｜

雞腿肉300克、黑麻油80c.c.、蒜仁40克、老薑40克、辣椒20克、九層塔適量

｜調味料｜

醬油50c.c.、酒50c.c.、糖4小匙

｜做法｜

1 雞腿肉切塊。老薑切片。辣椒切段。

2 鍋燒熱，倒入黑麻油，待油熱後放入蒜仁、老薑片爆香，續入雞腿肉塊翻炒至雞肉外表焦黃。

3 加入辣椒段稍微拌炒，倒入調味料稍微翻炒，蓋上鍋蓋以中火煮至汁略收乾且肉塊入味，最後加入九層塔拌勻即成。

tips

1. 黑麻油的香氣可增加三杯料理的香味。
2. 做法3.中蓋上鍋蓋，可燜熟雞肉，使味道滲入。

編輯悄悄話：

三杯的料理不難做，而且還很下飯，只要會開火加上炒一下，新手通常也不會失敗，可以嘗試。

編輯悄悄話：
許多人喜歡將青菜汆燙後淋上醬油膏吃，其實，將熱熱的蔥油澆在汆燙好的青菜上，吃起來會更香。

油蔥酥DIY：將600克（約1斤）的豬油和400克炸酥的紅蔥頭混合即成。炸酥的紅蔥頭做法是，將豬油倒入鍋中，待油溫升至約140℃時加入紅蔥頭片，以中火去炸。當鍋中油的泡泡愈少，火要調得愈小，炸至紅蔥頭變成金黃色，撈出放涼。

花生只要是市售炸好的種類都可以，但以沒有拌鹽的花生為佳。如果是有拌鹽的，需酌量減少醬油膏和蠔油的用量。

編輯悄悄話：
雖然我不特愛吃花生，但偷嚐一口，仍被豐富的鹹辣味吸引，是夏天搭配生猛啤酒的最佳零食。

31 蔥油燙青菜

｜材料｜

空心菜200克、鹽2大匙、油蔥酥1大匙

｜做法｜

1. 空心菜切適當大小後洗淨。
2. 備一鍋滾水，倒入1大匙鹽、1大匙油煮，待煮滾後放入空心菜汆燙，煮的過程中要邊攪動，使全部的青菜都燙熟，撈出瀝乾水份。
3. 將空心菜放入碗中，加入1大匙鹽、油蔥酥拌勻即成。

32 香辣拌花生

｜材料｜

炸好熟花生200克、青蒜50克、蔥20克、蒜5克、香菜20克、辣椒10克

｜調味料｜

醬油膏2大匙、蠔油1大匙、黑醋1大匙、辣油1大匙、香油1大匙

｜做法｜

1. 青蒜、蔥、辣椒、蒜都切細末。香菜切碎片。
2. 將花生、調味料和青蒜末、蔥末、辣椒末、蒜末、香菜碎拌勻即成。

編輯悄悄話：
鳳梨蝦球是很多餐廳會出現的菜，鳳梨的酸搭配甜的美乃滋，吃來不會過膩。另外還有蘋果蝦沙拉，做法也很簡單又好吃。

33 鳳梨蝦沙拉

｜材料｜
蝦仁180克、市售鳳梨罐頭80克、紅甜椒30克、小黃瓜20克

｜調味料｜
美乃滋90克、太白粉適量、油1,000c.c.

｜醃料｜
雞蛋1/2個、鹽1小撮、胡椒粉適量、太白粉1大匙

｜做法｜

1 蝦仁洗淨，用刀剖開蝦背，挑去腸泥，用布吸乾蝦仁外表水份，放入醃料中醃10分鐘。紅甜椒切適當大小。鳳梨切6等份。

2 製作蝦球：鍋燒熱，倒入1,000c.c.的油，放入已沾裹太白粉的蝦仁，炸至外表呈金黃色。

3 將鳳梨、蝦球放入盤中，最後拌入美乃滋即成。

編輯悄悄話：
吃多了中式烹調的雞腿肉，今天換成西式做法，醬汁帶較多的奶味，搭配上義大利香料剛剛好。

34 奶油煎雞腿

｜材料｜
去骨雞腿肉200克、洋蔥50克、蒜10克、奶油20克

｜調味料｜
無糖鮮奶油100c.c.、鹽1/2大匙、高湯100c.c.

｜醃料｜
鹽1/2大匙、黑胡椒粉適量、酒1大匙、義大利香料適量

｜做法｜

1 先將雞腿肉放入醃料中醃約8分鐘。洋蔥、大蒜切片。

2 平底鍋燒熱，倒入奶油，待奶油融化，放入雞腿肉和洋蔥片，以中火煎至兩面都呈金黃色且全熟。

3 倒入調味料，以小火煮約5分鐘，使湯汁完全融入雞腿肉中。取出雞腿肉，切成適當大小的塊狀，排入盤中，淋上剩餘的湯汁即成。

35 生煎豬肝

｜材料｜

豬肝200克、老薑20克、麻油2大匙、酒4大匙、醬油2大匙

｜醃料｜

牛奶100c.c.

｜做法｜

1 豬肝切片後稍微沖洗，瀝乾水份，以牛奶浸泡約15分鐘，撈出瀝乾。老薑切絲。

2 將豬肝放入滾水中汆燙，撈出泡冷水，瀝乾水份。

3 鍋燒熱，倒入麻油，放入老薑絲，續入豬肝，以大火快炒，再倒入酒、醬油，以中火稍微拌炒使醬汁燒勻，炒至醬汁收乾即成。

tips

豬肝先用滾水汆燙，肉質較為鮮嫩不會太老硬。豬肝泡牛奶，則可去除腥味。

編輯悄悄話：

去過欣葉餐廳吃台菜的人，對這道生煎豬肝一定有印象！在拍攝的過程中，一陣陣麻油香撲鼻而來，令人猛吞口水。

36 五味軟絲

｜材料｜

軟絲300克、薑15克、蔥適量

｜五味醬｜

薑末4小匙、蒜末2小匙、辣椒末2小匙、青蔥末4小匙、香菜末1大匙、醬油4大匙、烏醋5大匙、蠔油4大匙、蕃茄醬4大匙、味醂3大匙、糖1大匙

｜做法｜

1 清除軟絲內臟後清洗乾淨，肉的內面斜刀切交叉花紋，腳切適當長度，倒入滾水中汆燙熟，撈出瀝乾水份。薑、蔥切絲。

2 製作五味醬：將五味醬的材料倒入容器中拌勻即成。

3 將軟絲放在盤中，撒上薑絲和蔥絲，食用時搭配五味醬即成。

tips

1. 學會五味醬可用在多種菜色上，例如：燙青菜、拌五花肉片、搭配海鮮類等，也可在五味醬中加入適量綠芥末。
2. 軟絲就是花枝，肉質較小卷來得軟，比較容易咀嚼。

編輯悄悄話：

五味醬是我最愛的醬料之一，更是吃海鮮時絕不可少的佐醬。我偷偷在醬汁裡加上綠芥末，嗆辣無比，喜歡吃重口味的人可以挑戰看看！

37 京醬肉絲

｜材料｜
里肌肉200克、蔥20克、小黃瓜60克、紅甜椒5克

｜醃料｜
酒1大匙、鹽1/2大匙、雞蛋白1/2個、太白粉1大匙

｜調味料｜
甜麵醬3大匙、糖1大匙、醬油1大匙、酒2大匙、味醂2大匙、麻油1大匙

｜做法｜

1 里肌肉切絲，放入醃料中醃約10分鐘。蔥切細絲。小黃瓜切粗絲。紅甜椒切片。調味料的材料倒入容器中拌勻。

2 鍋燒熱，倒入少許油，放入肉絲炒散炒熟，取出。原鍋倒入調味料炒香，倒回肉絲炒至入味。

3 將小黃瓜絲排在盤中，盛入肉絲，再放上蔥絲、紅甜椒片即成。

tips

這一道京醬肉絲，也可以搭配市售的荷葉餅，就成了京醬肉餅。

編輯悄悄話：
這道京醬肉絲因使用了甜麵醬，所以帶點甜味，和平常吃的鹹口味炒肉絲不同。

38 南瓜粉蒸肉

｜材料｜
梅花肉180克、南瓜150克、香菜適量

｜調味料｜
市售蒸肉粉80克

｜醃料｜
蒜泥1小匙、薑泥1小匙、醬油1大匙、酒2大匙、香油1大匙、糖1大匙、辣椒醬1/2大匙

｜做法｜

1 梅花肉切成約0.3公分的厚片，放入醃料中醃約20分鐘。南瓜切片。

2 將南瓜片排入盤中，放上已沾裹蒸肉粉的肉片，放入蒸鍋，以大火蒸約15分鐘至肉熟即成。

tips

1.梅花肉也可用小排骨來取代，但醃肉的時間要加倍。
2.除了蒸鍋，也可以用電鍋蒸。

編輯悄悄話：
這道菜吸引我的反而是南瓜，南瓜是個健康的食材，將皮洗淨就能連皮一起吃，還有熟的南瓜籽，千萬別隨意丟了，殼內的南瓜肉很好吃。

編輯悄悄話：
拿油條入菜來炒是我第一次嚐鮮。這道菜口味相當特別，不過油條會吸油，肉本身也有油，烹調過程中不需多加油。

tips
另一種做法是將油條段鋪放在盤中，直接淋上炒好的牛肉，這種做法更可保留住油條的酥脆。

39 油條炒牛肉

| 材料 |

牛肉180克、老油條1條、蔥15克、大蒜5克、辣椒5克

| 調味料 |

醬油1大匙、蠔油1大匙、砂糖1大匙、酒1大匙、水50c.c.、胡椒粉適量、太白粉水適量

| 醃料 |

蠔油1大匙、黑胡椒粉適量、蛋液1/4個、太白粉1大匙

| 做法 |

1 老油條切段。牛肉切片，放入醃料醃約10分鐘入味。蔥切絲。大蒜、辣椒切片。

2 老油條放入油鍋中炸酥脆，瀝乾油份。

3 鍋燒熱，倒入少許油，放入蒜片、辣椒片爆香，續入牛肉片拌炒至七分熟，倒入太白粉水以外的調味料。

4 加入老油條快速翻炒，使油條吸入湯汁，最後倒入太白粉水勾芡，盛盤撒上蔥絲即成。

tips
皮蛋放入冰水中冰鎮比較容易剝除外殼。

編輯悄悄話：
光看到炒皮蛋只覺得神奇！炒過的皮蛋外表乾酥而內軟，還有一股奇特的香味，嫌棄皮蛋臭味的人可以試試！

40 牛肉炒皮蛋

| 材料 |

牛絞肉50克、韭菜花30克、乾辣椒10克、粗蒜末1小匙、皮蛋3個、太白粉適量、油1,000c.c.

| 調味料 |

醬油1大匙、蠔油1大匙、酒2大匙、胡椒粉適量

| 做法 |

1 韭菜花、乾辣椒切段。整個皮蛋放入滾水中煮5～6分鐘，撈出放入冰水中冰鎮，取出剝殼切片。

2 鍋中倒入1,000c.c.的油，待油溫升至約170℃，放入已沾裹太白粉的皮蛋炸約1分鐘半，撈出瀝乾油份。

3 原鍋燒熱，只要留約1大匙油，放入牛絞肉炒散後盛出。原鍋放入粗蒜末爆香，續入乾辣椒段炒勻，再加入皮蛋、牛絞肉、調味料和韭菜花炒勻即成。

5×10
超好食慾涼拌開胃菜食譜

炎熱的夏天真讓人沒有食慾，吃不下飯，這時可以來幾道酸甜香辣的小菜，小小一盤菜也能吃飽。

10×10

現代人最容易忽略早餐了！吃膩了平常那幾樣早餐了嗎？告訴你現在流行的早餐，吃的飽足又健康。

6×10 新穎時尚的早餐推薦食譜

編輯悄悄話：
對洋蔥愛好者的我來說，今年尾牙時才第一次吃到涼拌洋蔥，清脆的生洋蔥絲淋上醬汁，尤其是吃大菜前的開胃小品！

編輯悄悄話：
涼拌菜心的吃法很多，除了搭配清粥、白飯，夏天單吃更可誘發食慾。它的做法簡單，材料也便宜，最愛一次做大量，放進罐子裡存放在冰箱，想吃就吃不用等。

41 涼拌洋蔥

｜材料｜

洋蔥150克、火腿50克、胡蘿蔔15克、辣椒適量、九層塔適量、香菜少許

｜調味料｜

泰式甜辣醬100c.c.、檸檬汁20c.c.、魚露1大匙

｜做法｜

1 洋蔥切絲，放入冰塊水中冰鎮約20分鐘。胡蘿蔔、火腿切絲、辣椒切片。

2 將調味料的所有材料倒入容器中拌勻。

3 將調味料和洋蔥絲、胡蘿蔔絲、火腿絲和辣椒片拌勻即成。

42 涼拌菜心

｜材料｜

大頭菜300克、鹽1/2大匙、蒜末1小匙、辣椒5克、香菜適量

｜調味料｜

醬油1大匙、辣油1大匙、糖少許、香油適量

｜做法｜

1 辣椒切片。

2 大頭菜洗淨，削皮後切成塊狀，撒入鹽，抓一抓大頭菜使其變軟脫水，醃約30分鐘，瀝乾水份。

3 加入調味料、蒜末和辣椒片拌勻，再醃約30分鐘使其入味，撒些香菜即成。

43 皮蛋豆腐沙拉

｜材料｜

皮蛋2個、豆腐1盒、肉片30克、榨菜15克、洋蔥10克、小黃瓜15克、蝦米末2小匙、蒜末2小匙、辣椒末1小匙、香菜適量

｜調味料｜

醬油2大匙、香油1大匙、胡椒粉適量

｜做法｜

1 皮蛋剝殼切丁。肉片入滾水汆燙至熟。豆腐放入盤中，用刀照著紋路畫開豆腐。榨菜、小黃瓜、辣椒切片。洋蔥切絲。

2 將除豆腐、香菜以外的所有材料放入碗中，倒入調味料拌勻。

3 將豆腐排在盤中，淋上拌勻的材料，最後放上香菜即成。

tips

皮蛋可先煮熟再切丁，可以避免其他材料都被皮蛋黃弄黑，影響菜色外觀。

編輯悄悄話：
皮蛋豆腐是每家麵攤必備的小菜，這次則稍微做了改良，做成沙拉，一塊嫩豆腐的量，可供2人食用。

44 香辣酸豇豆

｜材料｜

酸豇豆300克、絞肉120克、蒜末2小匙、辣椒末1大匙

｜調味料｜

醬油1大匙、酒2大匙、糖1大匙、胡椒粉適量、鹽適量

｜做法｜

1 酸豇豆洗淨，切去頭尾和老梗，其餘則切粗末。

2 鍋燒熱，倒入少許油，先放入絞肉炒散，待絞肉變成白色，加入蒜末、辣椒末炒香，續入豇豆，以中火炒出香味，最後加入調味料拌勻即成。

10

tips

酸豇豆本身就有鹹味，所以鹽的用量可依個人喜好斟酌加入。

編輯悄悄話：
在我心中，除了「蒼蠅頭」外，最下飯的菜，莫過於「香辣酸豇豆」了。兩者外表看來同樣不起眼，但同樣一吃不可收拾。

45 麻辣牛筋

｜材料｜

牛筋180克、小黃瓜30克、胡蘿蔔15克、辣椒10克、蒜末1小匙、蔥30克、花椒粉適量、香菜適量

｜醃料｜

蔥段20克、薑片20克、醬油160c.c.、水2500c.c.、冰糖20克、酒80c.c.（約1,000克的牛筋）

｜調味料｜

醬油1大匙、辣油1大匙、酒1大匙、味醂1大匙

｜做法｜

1 小黃瓜、辣椒切片。胡蘿蔔、蔥切絲。牛筋洗淨後放入滾水中汆燙去味。

2 將滷汁的材料放入鍋中，加入牛筋，以大火煮滾，再改小火熬煮2～3小時，煮至牛筋變爛。待牛筋煮爛，取出放涼，再將牛筋放入冰箱冷凍，使牛筋成半結凍狀態，切成0.2公分的片狀。

3 將牛筋和小黃瓜片、辣椒片、胡蘿蔔絲、蔥絲和調味料拌勻，撒上香菜即成。

46 涼拌牛肚

｜材料｜

牛肚300克

｜滷牛肚料｜

蔥20克、辣椒20克、薑20克、醬油160c.c.、水1,500c.c.、冰糖50克、酒80c.c.、市售滷味包1個

｜拌料｜

青蒜絲50克、辣椒絲10克、蒜末1小匙、蔥絲15克、滷汁80c.c.、香油1大匙、辣油1大匙、香菜適量

｜做法｜

1 將牛肚和滷牛肚料一起放入鍋中，先以大火煮滾，再改小火燉煮約1個半小時，煮至牛肚變爛，可用筷子穿過的程度。

2 將滷好的牛肚切適當大小的片狀，放入碗中，加入拌料拌勻即成。

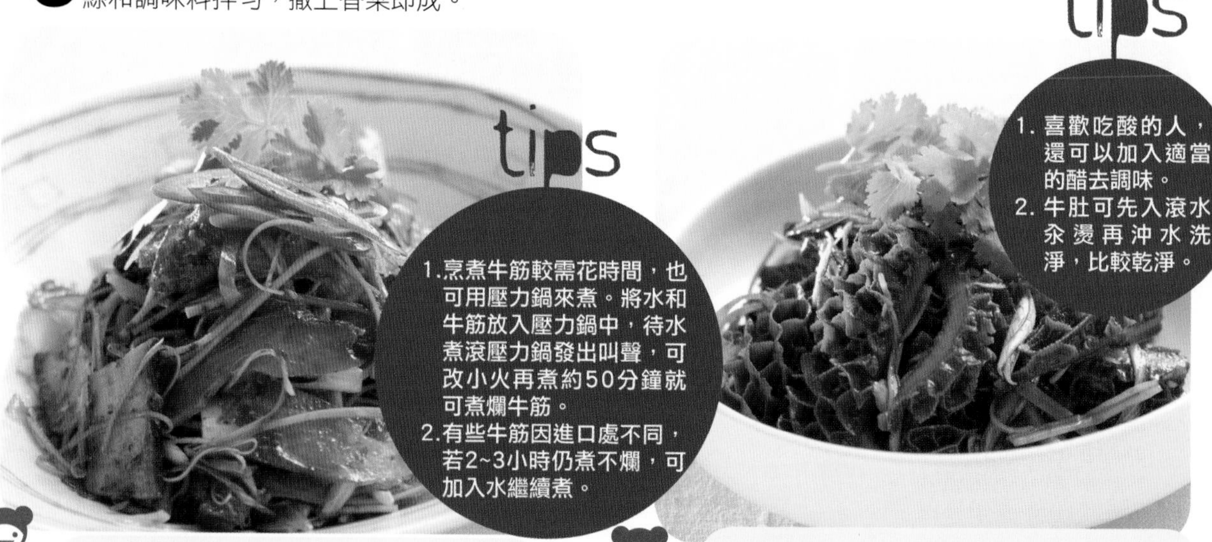

tips

1.烹煮牛筋較需花時間，也可用壓力鍋來煮。將水和牛筋放入壓力鍋中，待水煮滾壓力鍋發出叫聲，可改小火再煮約50分鐘就可煮爛牛筋。
2.有些牛筋因進口處不同，若2~3小時仍煮不爛，可加入水繼續煮。

tips

1. 喜歡吃酸的人，還可以加入適當的醋去調味。
2. 牛肚可先入滾水汆燙再沖水洗淨，比較乾淨。

編輯悄悄話：

我認為麻辣牛筋不只是一道菜，它可以說是一種零嘴，邊看電視邊嚼，是最新流行的點心。

編輯悄悄話：

牛肚這種烹調時間較長的食材，我會一次多做一些，儲存在冰箱裡。晚上回家懶得開火，只要拿出滷好的牛肚，甚至不加熱就可以吃了。

編輯悄悄話：
光看到紅紅的泡菜就想流口水。這次準備的是韓國泡菜，因為是冷的，當開胃菜較適合。而且，在這道泡菜拌雞肉中，最特別的是加入了腰果，竟然異常對味。

47 泡菜拌雞肉

｜材料｜

熟雞胸肉80克、韓式泡菜100克、香菜適量、腰果20克

｜調味料｜

韓式辣醬2大匙、味醂2大匙、醬油1大匙、麻油1大匙

｜做法｜

1 雞胸肉剝絲。泡菜切段。將調味料倒入碗中拌勻。

2 將雞胸肉絲和調味料拌勻。

3 將泡菜放在盤中，續放雞胸肉絲，撒上腰果和香菜即成。

編輯悄悄話：
今天的雞絲拉皮搭配的是麻醬，不喜歡吃雞胸肉的人，建議大家把雞胸肉絲和涼涼的綠豆粉拿來拌麻醬，偶爾換個吃法也不錯！

48 雞絲拉皮

｜材料｜

雞胸肉100克、小黃瓜30克、涼粉200克、胡蘿蔔20克、香菜適量、香油1小匙、醬油1大匙

｜調味料｜

芝麻醬1大匙、醬油1大匙、白醋1大匙、細糖1大匙、味醂1大匙、辣油1大匙

｜做法｜

1 將雞胸肉放入滾水中煮至熟，撈起瀝乾水份，待涼後以手剝成粗絲。

2 胡蘿蔔切絲，小黃瓜切片，涼粉切條，全部和雞絲一起放入碗中，加入香油、醬油拌勻。

3 將調味料的所有材料放入碗中拌勻後淋在雞絲涼粉上，食用前再拌勻即成。

49 水果優格沙拉

｜材料｜

蘋果100克、蓮霧80克、哈密瓜150克、橘子100克、香蕉80克、腰果20克

｜調味料｜

優酪乳180c.c.、檸檬汁1小匙

｜做法｜

1 蘋果、哈密瓜、橘子、香蕉去皮切丁。蓮霧切丁。

2 將所有的水果材料放入大碗中。

3 淋上優酪乳，滴入檸檬汁，撒上腰果即成。

50 鮪魚生菜沙拉

｜材料｜

罐頭鮪魚1罐、美生菜120克、洋蔥30克、胡蘿蔔20克、紅甜椒10克、巴西里末適量

｜調味料｜

美乃滋120克、檸檬汁1小匙

｜做法｜

1 美生菜切塊狀，洋蔥、胡蘿蔔切絲，一起放入水中沖洗，取出放入冰水中泡約10分鐘，撈出瀝乾水份。

2 將美生菜、洋蔥絲、胡蘿蔔絲和紅甜椒放入深碗中，倒入鮪魚，擠上美乃滋、檸檬汁，撒上巴西里末即成。

51 起司鬆鬆蛋

｜材料｜

火腿末2小匙、生菜20克、雞蛋5個、起司片4片、洋蔥末4小匙

｜調味料｜

鹽1大匙、酒大匙、胡椒粉適量

｜做法｜

1 將雞蛋打入碗中，加入調味料，以筷子攪散。

2 將起司片用手撕成小塊後放入蛋液中。

3 平底鍋燒熱，倒入2大匙油，先放入洋蔥末炒香，續入蛋液，先以鍋鏟稍微攪拌，以中小火慢慢煎至蛋液表面凝固，再翻面煎至全熟，取出放在盤子上，搭配生菜、火腿末即成。

tips

任何種類的起司片都可使用。起司片也可等蛋打入鍋內煎至表面凝固，再撒上起司，以起司將蛋包起來成半圓形。

編輯悄悄話：

這是歐式自助早餐吧中最常見的菜色之一，吃起來口感軟嫩，很受歡迎。

52 日式煎蛋卷

｜材料｜

雞蛋8個、巴西里適量

｜調味料｜

醬油1大匙、味醂2大匙、糖1大匙、冷開水70c.c.

｜做法｜

1 將雞蛋以打蛋器打散，加入調味料拌勻。

2 平底鍋刷上少許油，以中火預熱，慢慢倒入蛋液至均勻布滿鍋面。

3 將平底鍋稍往前傾，使蛋汁往前流，再將鍋後面的蛋液煎熟。待後面蛋液煎熟，再將鍋子往後傾，使未熟的蛋液往後流，即可再煎前方的蛋液。重複幾次動作到蛋液煎完。

4 以筷子或鍋鏟捲起蛋卷，捲時一定要緊密才不會散開，捲到最後再稍微壓住使蛋卷定型即成。

tips

日式煎蛋卷的做法也可參照本書p.68的做法。

編輯悄悄話：

這種日式煎蛋卷很特別，嚐起來帶點甜味，通常只有在一些日式的餐館才吃得到，但現在你也可以在家做，重點在做法4.中「捲」這個動作，多練習幾次就能熟練。

53 日式鮭魚鬆

｜材料｜

鮭魚肉200克、鹽適量

｜醃料｜

鹽1/2大匙、酒1大匙

｜做法｜

1 鮭魚肉清洗乾淨，以醃料醃約30分鐘。

2 鍋燒熱，倒入1大匙油，放入鮭魚肉，以小火慢慢煎至兩面呈金黃色且全熟。取出鮭魚肉，去掉魚皮、魚骨和魚刺，將魚肉輕輕剁散、剁鬆。

3 將原鍋的油份擦乾，放入鮭魚鬆，以中小火翻至鮭魚肉的水份變少，依個人喜好加入鹽，再翻炒至入味即成。

tips

做法3.中炒鮭魚鬆時，不需將鮭魚鬆炒至乾乾的完全沒有水份，只要炒至鍋中沒有水份，鮭魚鬆香味出來即可。

編輯悄悄話：

鮭魚鬆的做法很簡單，早餐搭配白飯或白粥都很下飯，但要注意鹽的用量，斟酌加入。

54 烤奶油馬鈴薯泥

｜材料｜

馬鈴薯200克、菠菜50克、火腿片50克

｜調味料｜

奶油40克、無糖鮮奶油170c.c.、鹽1大匙、胡椒粉適量

｜做法｜

1 馬鈴薯洗淨，削除外皮後切成大塊，放入滾水裡煮軟，撈出瀝乾水份磨成泥。菠菜、火腿片切碎片。

2 鍋燒熱，倒入奶油、火腿片炒香，續入馬鈴薯塊、菠菜和調味料，快速拌炒後放入烤盤中。

3 烤箱先以180℃預熱約10分鐘，將烤盤放入烤箱中，以180℃烤約8～10分鐘至表面呈金黃色即成。

tips

剛炒好的馬鈴薯還溫熱，直接放入預熱好的烤箱，可縮短烤的時間。

編輯悄悄話：

我喜歡吃焗烤料理，而這道馬鈴薯泥和一般焗烤料理不同，吃起來多了點綿密感，帶鹹味的火腿片，搭配無味的馬鈴薯泥剛剛好。

tips

蛋先打入碗中但勿攪散，放入鍋中煎，可避免弄破蛋黃。煎的時候也可以蓋上鍋蓋1～2分鐘，使蛋的表面易熟不易弄破。，

編輯悄悄話：
早餐是一天三餐中最不可忽略的一餐，吐司中夾滿滿的料，讓你吃得健康吃得滿足。

55 火腿起司烤吐司

| 材料 |

火腿片2片、雞蛋1個、起司片1片、小黃瓜20克、洋蔥10克、美乃滋20克、鹽少許

| 做法 |

1 小黃瓜、洋蔥切絲。平底鍋燒熱，倒入1大匙油，打入雞蛋，撒上鹽，用中火煎蛋，煎至蛋的底部略焦、上面還是生的太陽蛋。

2 另一平底鍋燒熱，放入兩片吐司，以小火煎至兩面都呈金黃色。

3 在吐司片上抹好美乃滋，依序放上洋蔥絲、小黃瓜絲、火腿片、起司片和太陽蛋即成。

tips

1.若喜歡奶味重一點的人，可將牛奶換成鮮奶油。
2.可用厚一點的吐司製作。

編輯悄悄話：
法式吐司有很重的奶油味，較一般烤吐司口感濕潤，偶爾吃膩乾的烤吐司，換換這種法式吐司也不錯！

56 法式吐司

| 材料 |

吐司6片、雞蛋2個、牛奶80c.c.、細砂糖1大匙、奶油80克

| 做法 |

1 將雞蛋攪打成蛋液，加入牛奶、細砂糖拌勻。

2 平底鍋燒熱，放入奶油，待奶油融化，放入沾裹了蛋液的吐司片，煎至兩面焦黃，取出對切即成。

57 早餐蛋

｜材料｜

馬鈴薯50克、洋蔥50克、紅甜椒20克、雞蛋3個

｜調味料｜

鹽1/2大匙（分2次用）、黑胡椒少許

｜做法｜

1 馬鈴薯洗淨削除外皮，切成粗條狀，放入滾水中汆燙約4分鐘，撈出瀝乾水份。洋蔥、紅甜椒切粗絲。雞蛋打入碗中輕輕打散。

2 鍋燒熱，倒入2大匙油，放入洋蔥絲、馬鈴薯條炒至呈金黃色，倒入蛋液，撒上半量的鹽、黑胡椒，以小火慢慢煎至蛋液表面凝固再翻面，撒入剩下的鹽、黑胡椒，煎至底部金黃色，盛盤搭配紅甜椒絲即成。

58 通心粉沙拉

｜材料｜

通心粉200克、馬鈴薯150克、胡蘿蔔80克、水煮蛋2個、洋蔥末6小匙、小黃瓜20克、蕃茄30克、生菜適量

｜調味料｜

鹽適量、美乃滋120克、胡椒粉適量、檸檬汁1大匙

｜做法｜

1 將通心粉放入滾水中汆燙約9分鐘，待煮軟後撈出放涼。水煮蛋剝去外殼，以刀切成小塊。小黃瓜切片。

2 馬鈴薯、胡蘿蔔去掉皮後切小塊，放入蒸鍋中蒸約15分鐘至熟，取出放涼。

3 將通心粉、馬鈴薯塊、胡蘿蔔塊、水煮蛋丁和洋蔥末放入大碗中，加入調味料，以湯匙充分拌勻後放入盤中，搭配生菜、小黃瓜片和蕃茄即成。

59 雞茸玉米濃湯

｜材料｜

雞胸肉末2大匙、罐頭玉米漿50克、太白粉水適量、雞蛋1個、蔥花2小匙、高湯400c.c.

｜調味料｜

鹽1大匙、柴魚精1/2大匙、胡椒粉少許

｜做法｜

1 將雞胸肉末放入冷水中拌開，以中火煮滾至熟。雞蛋打入碗中輕輕打散。高湯做法參照p.9。

2 取另一鍋，倒入高湯、玉米漿和雞胸肉末煮滾，倒入調味料，再加入太白粉水勾芡。

3 慢慢倒入蛋液輕輕攪拌，使蛋液成細絲狀，最後撒上蔥花即成。

tips

這裡教的是台式的玉米湯，若想喝奶味重一點的，可加入適當奶水、奶油增加味道。

編輯悄悄話：

比起西式玉米濃湯，台式玉米湯的湯汁比較沒那麼濃稠，通常早餐店賣的都是這種，配炒麵、吐司都OK。

60 海鮮蕃茄湯

｜材料｜

蝦子150克、蟹腿肉60克、干貝肉80克、蛤蜊120克、大蒜5克、洋蔥60克、蕃茄100克、九層塔適量

｜調味料｜

義大利香料1/2小匙、鹽1小匙、酒50c.c.、高湯800c.c.

｜做法｜

1 將所有海鮮料洗淨。

2 洋蔥、蕃茄切丁。大蒜切片。高湯做法參照p.9。

3 鍋燒熱，倒入2大匙橄欖油，先放入洋蔥丁、大蒜片，以小火慢慢炒至變軟，續入蕃茄丁、海鮮料，以大火快炒至香，加入調味料，先以大火煮滾，再改小火煮約10分鐘，盛入盤中，撒上九層塔即成。

編輯悄悄話：

這真是一道材料豐盛的湯！除了新鮮的海鮮料，還有蕃茄湯佐以義大利香料更美味，又能吃料又能喝湯，真是太滿足了。

7×10

適合招待朋友的超人氣菜

難得的假日，好想找些朋友來聚聚，但該請朋友們吃什麼呢？披薩、壽司和義大利麵，都是受歡迎又誠意十足的好料理。

10

10

菜要好吃，做起來還要輕鬆，可是有
訣竅的，讓擁有多年做菜經驗的阿成
分享幾道他的拿手菜，不看可惜！

8×10
大廚不公開的私房拿手好菜

61 奶油火腿義大利麵

｜材料｜

義大利麵150克、火腿80克、洋菇40克、洋蔥30克、巴西里末適量

｜煮麵條｜

水1,200c.c.、鹽1大匙、橄欖油1大匙

｜白醬｜

白酒1大匙、無糖鮮奶油100c.c.、高湯120c.c.、帕馬森起司粉（parmesan cheese）適量、鹽1/2大匙、蛋黃2個、鹽適量、胡椒粉適量

｜做法｜

1 火腿、洋菇切片。洋蔥切碎丁。高湯做法參照p.9。

2 煮麵條：鍋中倒入水煮滾，然後加入鹽，續入麵條煮約10～12分鐘，撈出瀝乾水份，倒入橄欖油和麵條稍微拌勻。

3 將蛋黃、無糖鮮奶油放入容器中拌勻。

4 平底鍋燒熱，倒入1大匙橄欖油，放入火腿片、洋菇片和洋蔥丁炒香，續入白酒、高湯、蛋黃鮮奶油和鹽、胡椒粉調味，最後加入麵條拌勻，盛盤後撒上帕馬森起司粉、巴西里末即成。

tips

1. 煮義大利麵條時，通常鍋中倒入1,000～1,200c.c.的水，可加入1大匙鹽來煮。煮的時間因麵條品牌不同，可參考包裝後面的文字解說，但硬度可依個人喜好增減煮的時間。
2. 麵條入鍋煮時，可將麵條以放射狀輕輕放入。

1010

編輯悄悄話：
今天義大利麵是搭配火腿，但我更喜歡加入鮭魚片，搭配濃濃的起司醬汁最好吃，做法也不難，是招待朋友的簡單料理之一。

編輯悄悄話：
青醬義大利麵是道很經典的義大利麵，在台灣也不難吃到。注意青醬帶有濃厚的大蒜味，吃完後別忘了清除口中異味。

tips

1. 如果買不到羅勒，可用九層塔代替。鯷魚可以去較大一點的市場、雜貨店或各大超市買到。
2. 若擔心打完青醬的果汁機處理不乾淨仍留有異味，可以倒入些許檸檬水清洗，就能消除味道。

62 青醬義大利麵

|材料|

義大利麵150克、蝦仁50克、大蒜5克、起司粉適量

|煮麵料|

水1,200c.c.、鹽1大匙、橄欖油1大匙

|青醬|

羅勒（九層塔）100克、菠菜40克、鯷魚30克、蒜20克、起司粉3大匙、橄欖油200c.c.、松子20克

|做法|

1 鍋燒熱，放入松子以小火直接炒香。羅勒去莖只留葉片。大蒜去蒂頭後切片。蝦仁洗淨，用刀剖開蝦背，挑去腸泥，用布吸乾蝦仁外表水份。

2 製作青醬：將所有的材料倒入果汁機中打成泥狀。

3 煮麵條：鍋中倒入水煮滾，然後加入鹽，續入麵條煮約10～12分鐘，撈出瀝乾水份，倒入橄欖油和麵條稍微拌勻。

4 平底鍋燒熱，倒入1大匙橄欖油，放入蒜片爆香，續入蝦仁翻炒，待蝦仁熟了加入義大利麵翻炒，再倒入青醬拌勻即成。

63 海鮮拼盤披薩

｜材料｜

市售披薩餅皮1片、蝦仁80克、透抽50克、雞胸肉50克、鳳梨30克、起司絲100克、洋蔥10克、蔥花1小匙、麵粉少許

｜調味料｜

蕃茄糊2大匙、蕃茄醬1大匙

tips

1. 電鍋的外鍋是指電鍋本體。
2. 披薩上放的材料可以隨意變化，只要先處理熟後再放在披薩上即可。

｜做法｜

1 將錫箔紙裁成同電鍋外鍋的大小，準備5張疊在一起，放入電鍋的外鍋中，電鍋先插電預熱。

2 透抽切適當大小。蝦仁洗淨，用刀剖開蝦背，挑去腸泥，用布吸乾蝦仁外表水份。雞胸肉切片後放入滾水中燙熟。鳳梨切片。洋蔥切絲。

3 在披薩餅皮上撒些許麵粉，依序塗抹上蕃茄糊、蕃茄醬，鋪上透抽、蝦仁、雞胸肉片、鳳梨片和洋蔥絲，將材料鋪滿，最後放上起司絲，放入已預熱好的電鍋中，蓋上鍋蓋，按下開關，約6分鐘後拔掉開關，再續燜約3分鐘即成。

編輯悄悄話：

這個用電鍋做成的披薩，口味一點都不比烤箱烘焙的差，即使沒有在製作完成後馬上吃完，但只要再次加熱依舊美味。而這個披薩，最後進了喜愛美食的美編肚子裡。

tips

1. 準備烤雞翅和棒棒腿前，烤箱必須先預熱以達到烤溫，較能控制食材烤的時間，千萬不能預熱後停頓時間再烤。一旦烤箱溫度變低，烤的時間必須拉長。
2. Tabasco辣醬、墨西哥辣椒粉在一般超市都買得到。

64 美式辣雞翅&棒棒腿

｜材料｜

三節雞翅6隻、油適量

｜醃料｜

墨西哥辣椒粉1大匙、蒜泥10克、鹽1小匙、醬油1大匙、Tabasco辣醬2大匙、酒2大匙、糖1/2小匙

｜做法｜

1. 雞翅洗淨後擦乾水份，從關節處切斷韌帶分成二節，即成雞翅和棒棒腿，放入和醃料一起拌勻，醃約1小時。
2. 烤箱以180℃預熱10分鐘，烤盤上鋪上一張錫箔紙，在上面擦上適量的油。
3. 放上雞翅和棒棒腿烤約10分鐘，中途取出翻面，塗上醃料增加味道，翻面再烤約10分鐘，烤至外表焦黃即可取出排盤。

編輯悄悄話：
這道菜又叫做紐約辣雞翅、水牛城辣雞翅（Buffalo Chicken Wing），因為材料中加入了Tabasco辣醬，獨特酸酸辣辣的味道，就像在達美樂披薩店、Friday’s等美式餐廳吃到的一樣。

也可以將蝦肉或雞肉燙熟後放入食用。

65 凱撒沙拉

｜材料｜

美生菜180克、培根酥20克、洋蔥20克、小黃瓜20克、法國麵包30克、罐頭玉米粒30克、帕瑪森起司粉適量、水煮蛋片40克、蕃茄30克、胡蘿蔔20克

｜沙拉醬｜

鯷魚10克、鹹味美乃滋250克、檸檬汁20c.c.、洋蔥末2大匙、酸黃瓜末5小匙、法式芥末醬1大匙、蒜末1大匙、Tabasco辣醬適量、巴西里末適量

｜做法｜

1 鯷魚剁成細泥。洋蔥切絲。小黃瓜、胡蘿蔔切條。蕃茄切片。

2 培根切適當大小，放入平底鍋中煎至酥脆。麵包切丁，放入烤箱中烤至金黃酥脆。美生菜切適當大小，放入冰水中冰鎮約10分鐘，撈出瀝乾水份。

3 製作沙拉醬：將所有材料放入碗中拌至均勻。

4 將除了麵包丁以外的所有材料放入器皿中，欲食用時，再撒上起司粉、麵包丁，倒入沙拉醬即成。

編輯悄悄話：
凱撒沙拉是我最喜歡的生菜沙拉！光看醬汁中包含多種重口味食材，絕對口感鮮明，很適合搭配生菜，夏天來上一盤，輕鬆享受午餐。

66 蝦仁粉絲煲

｜材料｜

蝦仁150克、蔥30克、薑20克、大蒜20克、粉絲30克、油2大匙、香菜適量

｜調味料｜

酒2大匙、醬油1/2大匙、魚露1大匙、高湯1,200c.c.、柴魚精1/2大匙、胡椒粉適量

｜做法｜

1 蝦仁洗淨，用刀剖開蝦背，挑去腸泥，用布吸乾蝦仁外表水份。粉絲泡軟。蔥切2公分長的段。薑、大蒜都切片。高湯做法參照p.9。

2 鍋燒熱，倒入少許油，先放入蔥段、薑片和蒜片爆香，續入蝦仁稍微拌炒，依序倒入酒、醬油、魚露和高湯，再倒入柴魚精、胡椒粉，加入粉絲，先以大火煮滾，再改小火熬煮約3分鐘，放上香菜即成。

做這道菜要用砂鍋來煮，傳熱、保溫度都較佳。

編輯悄悄話：
吃膩了螃蟹粉絲煲的人又多了一個選擇。將「螃蟹」改成「蝦仁」，不僅略省成本，而且美味不改，一年四季都吃得到。

67 台式滷味拼盤

| 材料 |

雞翅300克、豆干100克、素雞100克、水煮蛋2個、海帶80克、香菜適量

| 滷汁 |

市售滷味包1個、醬油220c.c.、蠔油50克、冰糖80克、酒150c.c.、水2,800c.c.

| 做法 |

1 將滷汁的材料放入一大深鍋，以大火煮滾，放入雞翅、水煮蛋煮，待煮滾後改小火滷約15分鐘，熄火燜約10分鐘使其入味，取出放涼。

2 取適量的滷汁倒入另一深鍋，放入豆干、素雞和海帶，以中大火煮滾，再改小火滷8分鐘，熄火燜10分鐘使其入味，取出放涼。

3 將滷好的雞翅、豆干、素雞、水煮蛋和海帶切好放入盤中，撒上香菜點綴即成。

滷汁要分開滷不同的食材，滷汁才可以重複使用。像滷過豆類的滷汁，就必須一直滷豆類。滷過肉類的，最好一直滷肉類。滷完食材後，可將滷汁重新煮滾，放涼後送入冰箱保存。

10 10

編輯悄悄話：
製作一大鍋各式各樣的滷味，最適合拿來招待朋友，搭配啤酒、可樂很對味。

68 酥炸花枝條&洋蔥圈

| 材料 |

花枝條：花枝200克、麵包粉100克、油1200c.c.
洋蔥圈：洋蔥180克、麵包粉120克、雞蛋2個、油1,200c.c.、麵粉60克

| 調味料 |

花枝條：雞蛋1/2個、鹽1/2大匙、酒1大匙、麵粉3大匙、胡椒粉適量

編輯悄悄話：
酥炸花枝圈或洋蔥圈這類小點，是超人氣的前菜！在拍攝過程中，這道菜可是一拍完就被大家搶個精光，可見受歡迎程度。

| 做法 |

1. 製作花枝條：花枝肉切成長條狀或圈狀，放入調味料拌勻，醃約30分鐘。 將麵包粉倒入平盤，花枝均勻沾裹上麵包粉。
2. 鍋燒熱，倒入約1,200c.c.的油，待油溫升至約170℃，放入花枝炸約2分鐘。
3. 製作洋蔥圈： 洋蔥洗淨橫切約1.5公分厚的圓片，再2圈2圈為一個剝下。將蛋打入碗中拌勻，麵粉、麵包粉分別放入容器中。
4. 洋蔥圈上噴些水，依序沾上麵粉，再沾蛋液，最後裹上麵包粉。鍋燒熱，倒入1,200c.c.的油，待油溫升至170℃，放入洋蔥圈，炸至外表呈金黃色即成。

編輯悄悄話：
日本料理是阿成最拿手的料理之一，其中的壽
司更是美味無比。這道壽司比平常的卷壽司材
料更豐富、更大，吃起來更過癮！建議大家完
成的壽司得趕緊食用，不然海苔會潮濕。

69 花壽司

| 材料 |

小黃瓜片50克、胡蘿蔔30克、蘆筍80克、三島香鬆15克、肉鬆15克、蛋條30克、熟蝦肉30克、生菜25克、壽司飯250克、海苔片1張、雞蛋1個

| 壽司飯 |

熱熟白飯250克、壽司醋適量

| 做法 |

1 蘆筍放入滾水中汆燙至熟，撈起放入冰水中冰鎮，取出切適當長度。30克小黃瓜切薄片，20克小黃瓜切條。胡蘿蔔切片。生菜切適當大小。

2 製作蛋條：平底鍋燒熱，鍋內抹上少許油，先倒入部分蛋液，待蛋液凝固成型，以鍋鏟將蛋皮捲成一長小卷，並推到鍋邊緣。再倒入部分蛋液，用鍋鏟撐起剛才煎好的蛋卷，使蛋液能流到下方。再次將煎好的整個蛋卷推到鍋邊緣，重複此步驟到蛋液用完。將做好的蛋卷放在竹簾上，以竹簾將蛋卷壓成四方形，切成細條。

3 製作壽司飯：將熱熟白飯、壽司醋倒入容器中，木匙以斜切的方式輕輕弄散飯粒，使飯粒能充分吸收壽司醋，邊以扇子搧涼壽司飯。

4 將海苔片放在竹簾上，先鋪上一層壽司飯，將小黃瓜片、胡蘿蔔片均勻排在中間，其餘地方撒上香鬆，先蓋上一張比海苔片大一半的保鮮膜，再蓋上另一張竹簾，整個翻捲使保鮮膜那面朝下，海苔片那面朝上，拿走上方竹簾。放上熟蝦肉、肉鬆、小黃瓜、生菜，拉起竹簾，用手指壓住料後捲起，繼續捲起壽司卷時，順勢拉出保鮮膜，再往前整個包捲起來，將壽司切成適當大小即成。

tips

燙蝦子時，先用竹籤直直串起再入滾水中汆燙，可以避免蝦子燙熟後捲曲起來不好做壽司，汆燙好後再去殼。

編輯悄悄話：
又是一道重口味的異國美食，光看一眼就極促進食慾。若有三兩好友到家裡聚餐，是很值得推薦的主食。

70 和風辣味墨魚飯

| 材料 |

白飯200克、豆芽菜30克、洋蔥20克、青椒15克、蔥20克、墨魚100克、海苔適量

| 調味料 |

韓式辣醬2大匙、油1大匙、味醂1大匙、酒2大匙、醬油1大匙

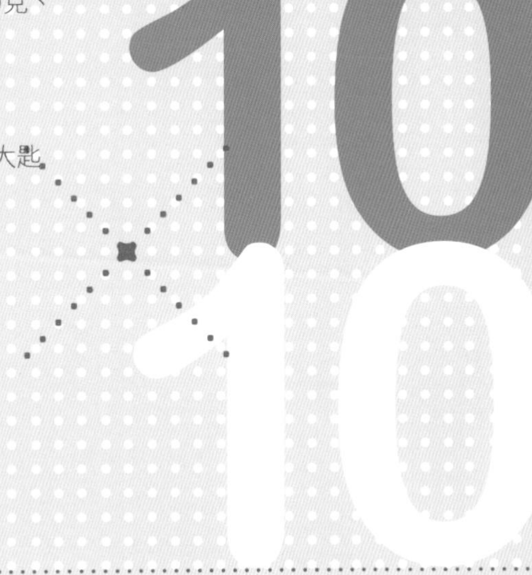

| 做法 |

1 墨魚洗淨切塊。洋蔥、青椒、蔥和海苔切絲。將調味料的材料放入碗中拌勻。

2 平底鍋燒熱，倒入少許油，先放入洋蔥絲炒，續入墨魚塊炒香，再放入白飯和調味料以中火快速翻炒2～3分鐘，再加入青椒絲、豆芽菜翻炒至熟，盛入碗盤中，撒上蔥絲、海苔絲即成。

如果你喜歡吃鍋粑，可延長翻炒白飯的時間，使飯煎焦一點再翻面。

tips

豬油DIY：可以去傳統市場買攪碎的豬脂肪，放入乾淨的鍋中，以中火慢慢加熱，使豬脂肪完全融化，取出豬油渣，待油冷放入罐中即可。

71 油燜筍

| 材料 |

竹筍200克、香菜適量

| 沾料 |

醬油40c.c.、糖2大匙、酒2大匙、水400c.c.

| 做法 |

1 竹筍剝去外殼洗淨切塊。

2 鍋燒熱，倒入2大匙豬油，放入筍塊翻炒，炒至外表焦黃後倒入醬油、酒稍微翻炒，再倒入水、糖，以大火煮滾，再改小火燜約10分鐘，撒些香菜點綴即成。

編輯悄悄話：
利用豬油、醬油烹煮的竹筍，讓人想起了豬油拌飯，有一種難以言喻的家鄉味。天然豬油散發的香味，加上醬油的大豆味，勾起了許多人童年的回憶。

72 乾煸肥腸

|材料|

大腸頭400克、酒50c.c.、醋50c.c.、、麵粉60克韭菜花段40克、乾辣椒15克、蒜末2小匙、太白粉200克

|滷料|

蔥段20克、薑片20克、酒40c.c.、醬油50c.c.、水800c.c.

|調味料|

醬油1大匙、胡椒粉適量

|做法|

1 韭菜花、乾辣椒切段。用麵粉搓洗大腸頭後以清水沖去黏液，再加入酒和醋搓洗去除腥臭味。

2 大腸頭放入滾水中汆燙。將大腸頭、滷料倒入鍋中煮約40分鐘至大腸頭變熟、軟，撈出放涼，切成適當大小。

3 大腸頭沾裹太白粉，放入油溫180℃的鍋中炸，炸至外皮酥黃，撈出瀝乾油份。

4 將炸大腸頭鍋中的油倒出。鍋燒熱，放入蒜末、乾辣椒爆香，續入韭菜花段、大腸頭快炒，倒入調味料稍微翻炒即成。

tips

1.如何辨別大腸頭已煮爛，最好的方法是用筷子在大腸頭刺一下，若能穿過，則表示大腸頭已熟爛。
2.180℃的油，是指鍋邊已冒油泡泡。

編輯悄悄話：
這道菜因為加入不少乾辣椒，辣氣嗆人，滷過的大腸頭經過快炒，更有嚼勁。

73 醬燒花枝

| 材料 |

花枝200克、蔥20克、辣椒5克

| 滷汁 |

水300c.c.、醬油90c.c.、酒90c.c.、味醂2大匙、砂糖40克、薑片10克

tips

花枝肉身較薄，所以不用煮太久，只要煮到花枝肉入味即可。但若買到的花枝肉身較厚，烹煮的時間要加長。

| 做法 |

1 將花枝頭部取出，去掉眼睛，再取出嘴巴和連在頭上的內臟，最後取出花枝肉上的軟骨沖洗乾淨。蔥切絲，辣椒切片。

2 鍋中倒入滷汁，以中火煮滾，放入花枝，以小火燜煮約5分鐘，撈出瀝乾湯汁，切塊放入盤中。

3 倒入適當煮花枝的湯汁，撒上蔥絲、辣椒片即成。

編輯悄悄話：
加入日式調味料味醂烹調的花枝，吃得到清新的甘甜和酒味，花枝又多了一種新吃法。

10
10

74 豆瓣醬燒魚

｜材料｜

草魚肉350克、絞肉50克、薑末2小匙、蒜末2小匙、蔥花4小匙、香菜適量

｜調味料｜

酒2大匙、酒釀2大匙、辣豆瓣醬2大匙、醬油1大匙、糖1大匙、水400c.c.、醋1大匙、胡椒粉適量、太白粉水適量

編輯悄悄話：
對烹飪新手來說，烹煮魚有種說不出的艱難，這道魚是取部分魚肉，煎過之後再以醬汁燜燒烹調，可避免外觀不佳的窘狀。

｜做法｜

1. 草魚肉洗淨後用布擦乾水份。
2. 鍋燒熱，倒入2大匙油，放入魚肉煎至兩面都呈金黃色，取出魚肉。
3. 同一鍋燒熱，倒入薑末、蒜末炒香，加入絞肉炒熟，續入魚和太白粉水以外的調味料，以小火燜煮約20分鐘。
4. 取做法3.中的湯汁和太白粉水勾芡。將魚撈出排盤，加入湯汁，撒上蔥花、香菜即成。

tips

如果買不到義大利香料，也可以只放入3顆拍碎的八角取代。

75 鹹豬肉

| 材料 |

五花肉500克、青蒜苗40克、巴西里適量

| 醃料 |

義大利香料1大匙、鹽2大匙、酒80c.c.、糖1大匙

| 沾料 |

白醋2大匙、蒜末1大匙

編輯悄悄話：
這道鹹豬肉不同於客家鹹豬肉之處，在於它使用了西式的義大利香料。這種香料依品牌不同配方略差，可多試幾家的味道，選出適合自己的口味。

| 做法 |

1 青蒜苗切片。五花肉洗淨後切約2公分厚的條狀，放入醃料拌勻，醃約1天。

2 取出五花肉，以清水將醃料洗掉，排在烤盤上。

3 烤箱先以200℃預熱約10分鐘，將烤盤放入烤箱中，以200℃烤約25分鐘至表面焦黃、內熟，取出切片。

4 將青蒜苗片放入盤中，排上五花肉片，調好沾料沾食即成。

76 日式南蠻雞

|材料|

去骨雞腿肉塊300克、洋蔥50克、蔥50克、胡蘿蔔20克、太白粉200克、油1,200c.c.

|醃料|

醬油1大匙、胡椒粉適量、酒1大匙

|南蠻醬汁|

水400c.c.、白醋150c.c.、醬油70c.c.、糖70克、檸檬汁4小匙

|做法|

1 洋蔥、胡蘿蔔切絲。蔥切段。雞腿肉塊先放入醃料充分拌勻，醃約10分鐘，取出沾裹太白粉。

2 製作南蠻醬汁：將所有材料放入鍋中，以大火煮滾。

3 鍋燒熱，倒入1,200c.c.的油，待油溫至170℃，放入肉塊炸至外表酥脆且內熟，撈出瀝乾油份。

4 將肉塊、蔥段、洋蔥絲和胡蘿蔔絲放入深碗中，倒入南蠻醬汁醃約6小時即成。

tips

蔥段和洋蔥絲可先以鍋子放入少許香油來炒香。

編輯悄悄話：
以酸酸甜甜的南蠻醬汁醃過的雞腿肉塊，很適合當炎熱夏天的開胃菜，一定會讓你食慾大開。

77 麻油雞心

｜材料｜

雞心500克、薑80克、麻油80c.c.、酒180c.c.、水120c.c.、鹽適量

｜做法｜

1 雞心切開，洗淨後瀝乾水份。薑切片。

2 鍋燒熱，倒入麻油，先放入薑片爆香，續入雞心快炒至外表略有焦黃。

3 倒入水，再加入酒，先以大火煮滾，再改小火煮約6分鐘，加入鹽調味即成。

tips

雞心切開後會比較容易清洗內部的血塊。

10 10

編輯悄悄話：
這道菜若將雞心改成腰子也一樣好吃。在處理方法上不同的是，汆燙過的腰子需放入冷水漂涼再炒，腰子口感更對味。

78 鹽酥丁香魚

|材料|

丁香魚300克、蒜末2小匙、粗蔥花2大匙、乾辣椒10克、油1,000c.c.、太白粉150克

|調味料|

鹽少許、胡椒粉少許

編輯悄悄話：
炸過酥酥脆脆的丁香魚，是下酒菜的最佳選擇，邊看電視邊喝酒，配鹽酥丁香魚，讓人停不了口。別忘了要趁熱吃，魚軟了就不好吃！

|做法|

1 乾辣椒切段。丁香魚輕輕用水沖洗乾淨，瀝乾水份再以布吸乾剩餘水份。

2 將丁香魚和太白粉和在一起，用過濾網篩去過多的粉。

3 鍋燒熱，倒入1,000c.c.的油，待油溫至約170℃，放入丁香魚炸至外表酥脆，撈出瀝乾油份。將炸丁香魚鍋中的油倒出，鍋燒熱，放入蒜末、蔥花和乾辣椒段爆香，續入丁香魚、調味料快炒，倒入調味料稍微翻炒即成。

tips

冰糖的量要足夠，加上浸煮的時間夠，芋頭能入味的話才會愈好吃。

79 冰糖芋頭

| 材料 |

芋頭200克、水2杯（180c.c.的量杯）、冰糖150克、糖漬乾金桔6顆

| 做法 |

1 芋頭削去外皮，洗淨後切適當大小的塊狀。

2 將芋頭放入鍋中，倒入水，加入冰糖、金桔，以中火煮滾，再改小火煮至芋頭軟透即成。

編輯悄悄話：
甜甜的芋頭加上酸酸的乾金桔一點也不膩口，飯後來些小甜點，吃得飽又滿足。

80 台式肉粽

｜材料｜

尖糯米600克、五花肉200克、乾香菇50克、乾栗子80克、鹹蛋黃6個、香菜適量、粽葉24張

｜調味料｜

豬油4大匙、水400c.c.、醬油3大匙、胡椒粉適量、酒2大匙

｜做法｜

1. 粽葉洗淨，放入水中泡約1小時，瀝乾水份。糯米洗淨滴乾水份。五花肉、鹹蛋黃切塊。香菇放入清水泡軟，去掉蒂頭切適當大小。乾栗子放入清水泡一晚，撈出瀝乾水份。
2. 鍋燒熱，倒入少許油，先放入肉塊、香菇炒香且肉塊外表焦黃，加入調味料炒勻。
3. 餘油留在鍋中，倒入糯米，以中小火炒勻，一邊不停翻炒一邊加入水，炒至米粒呈半透明且有黏性後盛出。
4. 將2張粽葉重疊彎摺成漏斗狀，先舀入適量的糯米，再放入肉塊、香菇、栗子、鹹蛋黃，再舀入一層糯米，包成粽子，以棉繩繫好，放入蒸籠，以大火蒸1～1個半小時即成。

tips

1. 喜歡紅蔥頭味道的人，可以加入紅蔥頭，和豬肉一起翻炒來增加香味。
2. 做法4.中包粽子時不可包太滿，否則烹煮時會爆開。

編輯悄悄話：
小時候媽媽教我包粽子，貪心的我總是將料和糯米包得滿滿，蒸熟後竟然爆開了。多年後每次包粽子，就會想起這段往事。所以，掌握料和糯米的量是粽子成敗的關鍵喔！

9×10
其實很簡單的經典料理

紅燒獅子頭、高昇排骨、糖醋排骨，都是人人愛吃的經典料理，有些人認爲經典料理一定難做，這裡要顛覆你的既有想法，告訴你幾道好吃又好做的經典食譜。

定食最大的魅力就是菜飯合而爲一，不用再
多花時間準備其他配菜，花一些時間來做，
就能讓人吃得飽。

10×10 一定吃得飽的定食食譜

81 清蒸鱈魚

| 材料 |

鱈魚150克、薑10克、蔥30克、酒1大匙、鹽1小撮、香油1大匙、胡蘿蔔5克、鹽1小匙

| 調味料 |

醬油1大匙、魚露1小匙、酒2大匙、胡椒粉適量

| 做法 |

1. 10克的蔥切段。20克的蔥、胡蘿蔔切絲，放入冷水中輕輕沖洗，撈出瀝乾水份。薑切片。
2. 鱈魚清洗乾淨放入盤中，加入薑片、蔥段、酒、鹽、油，放入蒸鍋中以大火蒸約15分鐘，將蔥絲、胡蘿蔔絲放在鱈魚上。
3. 鍋燒熱，倒入香油煮熱，淋在鱈魚上即成。

tips

1. 如果怕魚肉太腥，可在清洗完魚肉擦乾水份後，以少許鹽醃漬約10分鐘，可去掉腥味。
2. 這道菜也可用電鍋來做，只要在外鍋倒入100c.c.的水，按下開關煮至開關跳起，非常簡單。
3. 蒸魚時加入一點點油，可使肉質更嫩、可口。

編輯悄悄話：
鱈魚是很容易買到的魚類食材，加上價格便宜，是家中餐桌上常見的菜色。這道清蒸鱈魚利用簡單的烹調法保留住魚的鮮味，更推薦給剛開始學吃魚的小朋友。除了清蒸，還有煎鱈魚、豆酥鱈魚、黃金鱈魚等多種做法，一條魚給人無限驚喜。

10×10

tips

1. 螞蟻上樹就是「冬粉炒肉末」，絞肉須攪細一點，炒起來才會像螞蟻的樣子。
2. 攪2次的絞肉肉質會更細。

82 螞蟻上樹

|材料|

絞肉（絞2次）60克、蒜末2小匙、蔥花4小匙、辣椒末1小匙、香菜5克、冬粉2把、油2大匙

|調味料|

酒2大匙、辣椒醬2大匙、蠔油1大匙、醬油1大匙、糖1大匙、胡椒粉適量、高湯200c.c.、太白粉水適量

編輯悄悄話：
「螞蟻上樹」這道菜，可不是利用螞蟻為材料，而是以冬粉和肉末製作的四川名菜之一。當以辣味調味料炒過、呈現紅亮的極細肉末黏在冬粉上，彷彿螞蟻隨樹幹而上，非常有趣。

|做法|

1. 將冬粉放入冷水中泡開，撈出瀝乾水份，切成小段備用。高湯做法參照p.9。
2. 鍋燒熱，倒入少許油，放入蒜末、辣椒末和絞肉炒香，續入辣椒醬炒香，再加入剩餘的調味料煮滾，放入冬粉以小火炒勻，使冬粉吸入湯汁炒乾。
3. 將煮好的冬粉盛入盤中，撒上蔥花、香菜即成。

tips

市售的辣豆瓣醬品牌種類眾多、鹹度也略有不同，使用量可自己斟酌加入。

83 辣子雞丁

｜材料｜

去骨雞腿肉150克、青椒50克、辣椒20克

｜調味料｜

蒜末1小匙、薑末1小匙、酒4小匙、醬油1大匙、糖1大匙、醋1大匙、辣豆瓣醬3大匙、水140c.c.、太白粉水適量、油1大匙

｜做法｜

1 雞腿肉切塊。青椒、辣椒切片。

2 鍋燒熱，倒入1大匙油，放入雞腿，以中火快炒至雞腿肉焦黃熟爛，撈出。

3 另一鍋燒熱，倒入1大匙油，放入蒜末、薑末炒，再入酒、醬油、糖、醋、辣豆瓣醬炒香，加入水，以大火煮滾。

4 加入雞腿肉塊、青椒片、辣椒片，以大火快炒入味，再倒入太白粉水勾芡即成。

編輯悄悄話：
是川菜成都子雞的改良版，以肉質較嫩的雞腿肉來做，搭配辣豆瓣醬、蒜末、糖、醋等調味料快炒而成，是一道重口味、極下飯的菜。

84 麻油雞

|材料|

雞肉300克、薑60克、酒300c.c.、麻油100c.c.、水500c.c.、鹽適量

|做法|

1 雞肉切成塊狀，洗淨後瀝乾水份。薑切片。

2 鍋燒熱，倒入麻油，待麻油熱後放入薑片爆香，續入雞肉塊，以大火快炒至雞肉塊表面略焦。

3 倒入酒、水，先以大火煮滾，再改小火燜煮約10分鐘至雞肉塊全熟即成。

tips

做法3.中倒入酒時，記得要先將瓦斯的火關小再倒入水，可避免酒精因高溫而揮發起火，烹調時更要小心注意。

編輯悄悄話：
記憶中的麻油雞，多出現在坐月子餐中，它的「油膩」則是揮之不去的印象。其實，這是道大家平時都可吃的好菜。若你嫌它油膩，可將雞腿肉的外皮剝除，油不要放太多即可。

編輯悄悄話：
如同年菜桌上一定有條沒吃完、象徵「年年有
餘」的魚料理。高昇排骨更是年菜中不可少的
主菜之一，有「步步高昇」的意思。醃過已入
味的排骨加上濃厚的醬料，喜歡吃重口味的人
不可錯過。

85 高昇排骨

| 材料 |

剁好的排骨300克、油150c.c.、巴西里5克、辣椒3克、太白粉水適量

| 醃料 |

醬油1小匙、鹽1小匙、酒3大匙、雞蛋1個、蒜泥1小匙、麵粉60克、太白粉30克

| 調味料 |

酒30c.c.、糖60克、烏醋90c.c.、醬油120c.c.、水150c.c.

| 做法 |

1 辣椒切片。將排骨肉放入容器中，倒入醃料充分拌勻，醃約2小時。

2 鍋燒熱，倒入150c.c.的油，待油溫升至170℃時，放入排骨油炸，炸至排骨全熟、酥脆且外表呈金黃色。

3 另一鍋燒熱，倒入調味料，先以大火煮滾，放入排骨，以鍋鏟翻動使醬汁能滲入排骨，翻炒約3分鐘，倒入太白粉水勾芡，以巴西里點綴即成。

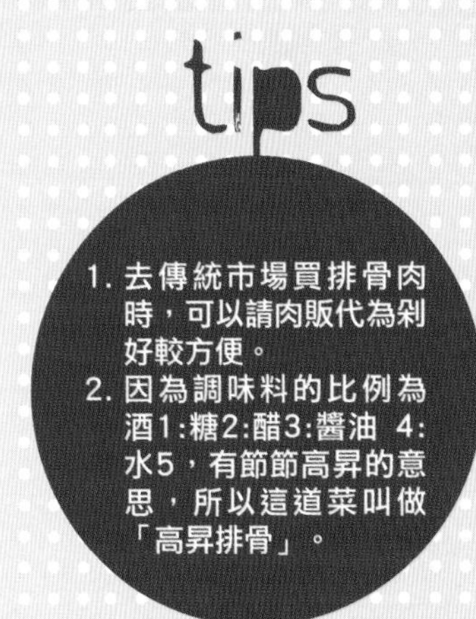

tips

1. 去傳統市場買排骨肉時，可以請肉販代為剁好較方便。
2. 因為調味料的比例為酒1:糖2:醋3:醬油 4:水5，有節節高昇的意思，所以這道菜叫做「高昇排骨」。

編輯悄悄話：
糖醋排骨最吸引人的，就是那甜甜酸酸的味道！除了主角排骨，通常這道菜中還會加入鳳梨、甜椒等配角，讓你在滿口酸甜之餘，來點蔬果味中和一下。

86 糖醋排骨

｜材料｜

小排骨180克、市售罐頭鳳梨60克、青椒30克、紅甜椒30克、油1,800c.c.

｜醃料｜

雞蛋1/2個、醬油1大匙、糖1/2小匙、胡椒粉適量、酒1大匙、麵粉40克

｜糖醋汁｜

醬油1大匙、蕃茄醬50克、糖60克、醋80c.c.、太白粉水適量

｜做法｜

1. 鳳梨片每片切成4等份。青椒、紅甜椒去籽切片。排骨肉洗淨擦乾水份，放入醃料中充分拌勻，醃約2小時。
2. 鍋燒熱，倒入1,800c.c.的油，待油溫至170℃，放入一塊塊排骨肉，炸至外表呈金黃色且內熟、酥脆，撈出瀝乾油份。
3. 將青椒片、紅甜椒片放入炸排骨的油鍋中過油10秒鐘，撈出瀝乾油份。
4. 另一鍋燒熱，倒入少許油，先倒入蕃茄醬炒香，續入醬油、糖、醋和太白粉水煮滾，放入排骨、鳳梨片、青椒片、紅甜椒片快速翻炒，加入太白粉水勾芡即成。

tips

也可以將梅花肉切成約2.5公分大小的塊，做法相同，那就成了狀咕老肉。

87 紅燒獅子頭

｜材料｜

絞肉500克（絞2次）、荸薺80克、板豆腐50克、青江菜80克、蒜泥2小匙、薑泥2小匙

｜調味料｜

酒3大匙、醬油2大匙、胡椒粉適量、太白粉3大匙

｜湯汁｜

高湯900c.c.、醬油150c.c.、酒100 c.c.、冰糖2大匙

｜做法｜

1 荸薺切末。青江菜切適當大小。高湯做法參照p.9。

2 將絞肉、荸薺末、板豆腐、蒜泥和薑泥倒入鋼盆中，續入調味料充分拌勻或拌成糊狀，以手掌的虎口擠成一個個約乒乓球大小的球狀丸子。

3 鍋中倒入湯汁煮滾，再改小火，放入丸子，以小火熬煮約1小時，使湯汁味道滲入丸子。

4 將青江菜放入做法3.的湯汁中煮熟，撈出瀝乾。

5 鍋燒熱，放入丸子和煮丸子的汁，倒入太白粉勾芡，整鍋倒入砂鍋，放入青江菜即成。

放入砂鍋可有效保溫菜的溫度，回鍋加溫也比較方便。

編輯悄悄話：
紅燒獅子頭就是紅燒肉丸子，無論紅燒或清燉都好吃。獅子頭中因加入荸薺，以及久煮使湯汁滲入整顆肉丸，吃起來不因絞肉而膩口。

tips

購買豬腳時，因為一般家庭無法處理豬腳，可直接請肉販代為切成小塊。

88 QQ滷豬腳

|材料|

豬腳塊600克、蔥40克、薑30克、香菜少許

|調味料|

酒100c.c.、醬油160c.c.、糖60克、水2,500c.c.

|做法|

1 豬腳塊洗淨，放入滾水中汆燙約5分鐘，撈出沖水洗乾淨。蔥切段。薑切片。

2 鍋中倒入蔥段、薑片，倒入調味料、豬腳，以大火煮滾，再改小火慢慢燉約1小時半至豬腳酥爛。

3 將豬腳放入盤中，倒入滷汁，撒上香菜即成。

編輯悄悄話：
這道吃起來QQ的滷豬腳，不若一般市售豬腳因加過多油烹調給人的油膩感。豬腳含有大量的膠質，吃了能使肌膚光滑有彈性，是愛美女生的最愛。

tips

可先將整塊五花肉放入冰箱冷凍再拿出來切，經冷凍切出的肉塊才會方整沒有稜角，再以棉繩綑成十字形，可以完全固定肉的形狀。

89 東坡肉

｜材料｜

五花肉500克、蔥30克、薑20克、青江菜50克

｜調味料｜

冰糖90克、紹興酒200c.c.、水1800c.c.、醬油180c.c.、桂皮5公克、八角2粒

｜做法｜

1 先將五花肉切成四四方方的塊狀，再細切成4立方公分的塊狀，綁上棉線，放入滾水中汆燙，撈出沖冷水洗淨。蔥、薑切片。

2 將蔥、薑先放入鍋的底部，再整齊排好豬肉。

3 倒入調味料，以中火煮滾，再改小火慢慢滷約1個半小時至豬肉酥爛。

4 將豬肉的棉線拆開放入盤中，加入燙熟的青江菜即成。

編輯悄悄話：
聞名中外的東坡肉，號稱江浙菜中的第一大菜，製作過程中加入大量酒、冰糖和醬油，再經小火慢慢燜煮，使調味汁完全滲入肉中，整塊五花肉吃起來不再那麼肥滋滋。

90 燴牛腩

｜材料｜

牛腩400克、胡蘿蔔80克、馬鈴薯100克、洋蔥80克、蕃茄150克、蔥30克、薑10克、檸檬片適量、太白粉水適量

｜調味料｜

酒50c.c.、醬油150c.c.、糖2大匙、水2,000c.c.、蕃茄醬40克

｜做法｜

1 牛腩、洋蔥都切塊。胡蘿蔔、馬鈴薯削去外皮後切塊。蕃茄去掉蒂頭切成4份。蔥切段。薑切片。

2 備一鍋水，放入薑片、檸檬片煮，待水滾後，放入牛腩汆燙2～3分鐘，撈出牛腩，沖水去掉血水，瀝乾水份。

3 鍋燒熱，倒入1大匙油，放入蔥段、薑片和洋蔥塊爆香，續入牛腩翻炒2～3分鐘，加入調味料，以大火煮滾，再改小火燜煮約1小時半，待牛腩煮爛後，倒入太白粉水勾芡即成。

tips

以薑片、檸檬片入水汆燙牛腩，可去除腥味。

編輯悄悄話：
燴牛腩的做法不太難，但需要長時間燉煮，每個人都可以嘗試。燴牛腩的醬汁可以淋在麵、白飯上，滷得透爛的牛腩、胡蘿蔔，同時吃得到食材的原味和醬汁味。

91 咖哩飯

｜材料｜

馬鈴薯80克、胡蘿蔔40克、雞胸肉150克、洋蔥40克、白飯適量

｜調味料｜

咖哩粉50克、高湯400c.c.、醬油1大匙、糖1大匙、鹽適量、太白粉水適量

｜做法｜

1 雞胸肉切片。洋蔥、馬鈴薯、胡蘿蔔切塊。將馬鈴薯、胡蘿蔔放入滾水中以小火煮爛後取出。高湯做法參照p.9。

2 鍋燒熱，倒入1大匙油，放入洋蔥塊炒香，續入雞胸肉片炒熟，再加入咖哩粉炒香。

3 加入調味料、馬鈴薯塊和胡蘿蔔塊，以大火先煮滾，再以小火煮約10分鐘，倒入太白粉水勾芡即成。

4 食用時，將咖哩醬汁和料淋在白飯上。

tips

1. 也可額外多加入100c.c.的椰奶，使咖哩的味道更香更濃。
2. 除了雞胸肉外，雞腿肉更嫩，吃起來口感更佳。

10
10

編輯悄悄話：
市售的咖哩粉有各種口味及不同辣度可供選擇，日系咖哩粉帶有水果甜味，東南亞系咖哩粉則偏酸辣味，我喜歡吃日系的咖哩，那你呢？

92 海鮮燴飯

|材料|

花枝30克、干貝20克、蝦仁30克、蟹腿肉30克、胡蘿蔔15克、洋蔥10克、竹筍15克、青江菜25克、白飯180克、蔥10克

|調味料|

酒2大匙、醬油1大匙、蠔油1大匙、胡椒粉適量、柴魚精適量、高湯400c.c.、太白粉水適量

編輯悄悄話：
多數人都喜歡吃燴飯，尤其海鮮口味，更是必點。這種可以隨個人喜好添加食材的菜，做法差不多，所以只要學會基礎做法就能自由變化食材了。

|做法|

1 將花枝、干貝洗淨後切塊狀。蝦仁洗淨，用刀剖開蝦背，挑去腸泥，用布吸乾蝦仁外表水份。將所有海鮮料都放入滾水中汆燙，撈出瀝乾水份。

2 胡蘿蔔、竹筍切片。洋蔥切絲。青江菜切適當大小。蔥切斜段。高湯做法參照p.9。

3 鍋燒熱，倒入1大匙油，放入洋蔥絲、蔥段爆香，續入胡蘿蔔片、竹筍片快炒，加入海鮮料快速翻炒，倒入除太白粉水以外的調味料，以大火煮滾，放入青江菜，改小火煮約2分鐘，倒入太白粉水勾芡即成。

tips

整塊雞肉如果不好炸，可先切小塊再入油鍋中炸，可減少油炸的時間。

93 椒鹽雞腿飯

|材料|

去骨雞腿肉200克、檸檬片20克、市售辣菜脯20克、九層塔適量、白飯200克、滷肉汁適量、麵粉80克、油1,500c.c.

|醃料|

蠔油1大匙、酒1大匙、醬油1大匙、味醂1大匙、蒜末1小匙、胡椒粉適量

|做法|

1 先用叉子在雞腿肉上刺幾個小洞。滷肉汁做法參照p.102。

2 將醃料的材料倒入碗中拌匀，放入雞腿肉，以手按摩雞腿肉使其入味，取出沾裹麵粉。

3 鍋燒熱，倒入約1,500c.c.的油，待油溫至約170℃，放入雞腿肉炸約8分鐘至熟，撈出瀝乾油份，切塊。

4 將白飯放入盤中，淋上滷肉汁，放上雞腿肉，搭配檸檬片、辣菜脯片和九層塔即成。

編輯悄悄話：
食用這道椒鹽雞腿肉時，滴入些檸檬汁，撒些胡椒鹽，更是下飯。

94 蔥油雞飯

｜材料｜
去骨雞腿肉180克、蔥40克、薑10克、香油1大匙、白飯150克

｜調味料｜
醬油1大匙、胡椒粉適量

｜蒸肉料｜
鹽1小撮、酒2大匙

｜做法｜

1. 將10克的蔥切段，30克的蔥切絲。薑切片。
2. 雞腿肉放入盤中，撒上蒸肉料和蔥段、薑片，放入蒸籠，以大火蒸約12分鐘。
3. 取出雞腿肉切成適當大小的塊狀，放回剛才的盤中，倒入調味料，放入蔥絲，淋上香油。
4. 將白飯放入盤中，放上雞腿肉，淋上蔥油湯汁即成。

tips

編輯悄悄話：
這道帶著蔥油香氣的雞肉料理，可以利用年節祭祀的雞來做，白斬雞腿肉上淋些湯汁，仍舊吃得到雞肉的甜味。

tips

1. 喜歡吃酥脆排骨肉的人，可改用地瓜粉來炸排骨。
2. 醃黃瓜DIY：將90c.c.白醋、90c.c.水和3大匙糖倒入鍋中煮滾，待涼後放入200克的小黃瓜片，整鍋移入冰箱冷藏醃約半天。
3. 大里肌排是豬的背脊肉，還可用做青椒炒肉絲、魚香肉絲等菜。
4. 180℃是指油鍋已經開始冒白煙。

95 台式排骨飯

| 材料 |

大里肌排300克、麵粉80克、醃黃瓜20克、市售辣菜脯10克、香菜適量、白飯200克、滷肉汁少許、油1,000c.c.

| 醃料 |

醬油50c.c.、雞蛋1/2個、酒1大匙、砂糖1大匙、胡椒粉適量、蒜泥1小匙

| 做法 |

1. 將排骨肉洗淨擦乾水份，用肉鎚敲打拍鬆。
2. 將醃料的所有材料拌勻，放入排骨肉醃約1小時，取出沾上麵粉。
3. 鍋燒熱，倒入約1,000c.c.的油，待油溫至約180℃，放入排骨肉炸約2分鐘至熟，撈出瀝乾油份，切塊。
4. 將白飯放入盤中，淋上滷肉汁，放上排骨肉塊，搭配醃黃瓜片、辣菜脯片和香菜即成。

編輯悄悄話：
排骨炸得好是這道菜成功的關鍵！但比起酥脆肉嫩的排骨，我更愛搭配肉排的辣菜脯、醃黃瓜、醃黃蘿蔔，雖然只是小配角，卻能有效替排骨飯加分。

96 日式叉燒飯

｜材料｜

梅花肉300克、蔥35克、薑15克、雞蛋1個

｜調味料｜

水1，800c.c.、醬油150c.c.、冰糖4小匙、味醂150c.c.、酒100c.c.

｜做法｜

1. 將25克的蔥切段，10克的蔥切絲。薑切片。先用叉子在梅花肉上刺幾個小洞，烹調時較容易入味。肉切成適當大小的塊狀。
2. 製作叉燒肉：將調味料、蔥段和薑片放入鍋中煮滾，續入肉塊，先以大火煮滾，再改中小火熬煮約1小時，熄火燜約1小時。
3. 平底鍋燒熱，倒入1大匙油，打入雞蛋，以中火煎至蛋底部熟了，再翻面同樣煎至熟。
4. 將白飯放入盤中，放上叉燒肉、荷包蛋，再淋上叉燒汁，放上蔥絲即成。

tips

1. 梅花肉可以先用棉繩綁成圓柱形固定形狀再烹調。
2. 醬油推薦選用陳年醬油，味道較濃，顏色較重，叉燒肉顏色較漂亮。
3. 梅花肉也可以用五花肉來取代，去掉豬皮即可。

編輯悄悄話：

這道日式叉燒肉口味不同於我們常吃的港式口味，調味料中因為加入味醂，烹調出來的肉會帶些甜味。

tips

滷五花肉時，醬油可以分2次加入，第二次加入醬油時可先試一下鹹度，若太鹹，第二次的醬油用量可斟酌減少，避免滷出來的肉過鹹。

97 焢肉飯

| 材料 |

五花肉500克、蔥20克、薑20克、辣椒5克、高麗菜20克、市售醃黃蘿蔔10克、白飯200克

| 調味料 |

醬油150c.c.、酒80c.c.、水1,500c.c.、冰糖40克

編輯悄悄話：
吃起來軟嫩的焢肉，除了是焢肉飯、刈包的主角，它那香氣四溢的滷汁，光澆在飯或麵上就很好吃。即使不敢吃肥肉，還是可以嚐嚐滷肉汁。

| 做法 |

1 五花肉洗淨，切約10公分長、約2公分的厚片，放入滾水中稍微汆燙，撈出瀝乾水份。蔥切段。薑、醃黃蘿蔔切片。高麗菜切絲。

2 鍋燒熱，倒入少許油，放入蔥段、薑片和辣椒爆香，續入調味料、五花肉，先以大火煮滾，再改小火熬煮約1個小時半，至五花肉酥爛，滷肉汁變少且肉入味。

3 將白飯放入盤中，淋上滷肉汁，放上五花肉，搭配高麗菜絲、醃黃蘿蔔片即成。

98 日式牛肉飯

｜材料｜

牛肉片150克、洋蔥80克、青椒5克、白飯180克

｜調味料｜

醬油2大匙、味醂1大匙、酒1大匙、糖2大匙、柴魚高湯300c.c.

｜做法｜

1 洋蔥切粗絲。青椒切小丁。柴魚高湯做法參照p.15。

2 將調味料的所有材料倒入鍋中，放入牛肉片，續入洋蔥絲，先以大火煮滾，再改小火煮約5分鐘。

3 將白飯放入碗中，淋上牛肉片、洋蔥絲和煮牛肉片的湯汁，搭配青椒丁即成。

tips

喜好吃辣的人，可以撒上日式的七味辣椒粉，可在一般超市買到。牛肉則可選用較多油花部位的肉。

10×10

編輯悄悄話：
因為喜歡味醂、柴魚高湯和洋蔥的鮮甜味，這道日式牛肉飯是我最愛的定食之一，即使只有牛肉片沒有其他配菜，一樣整碗都能吃光光。

編輯悄悄話：
你一定沒吃過以烏魚子做的炒飯？印象中烤烏
魚子總是拿來下酒，其實用來做炒飯料更是絕
配，今晚就來試試。

99 烏魚子炒飯

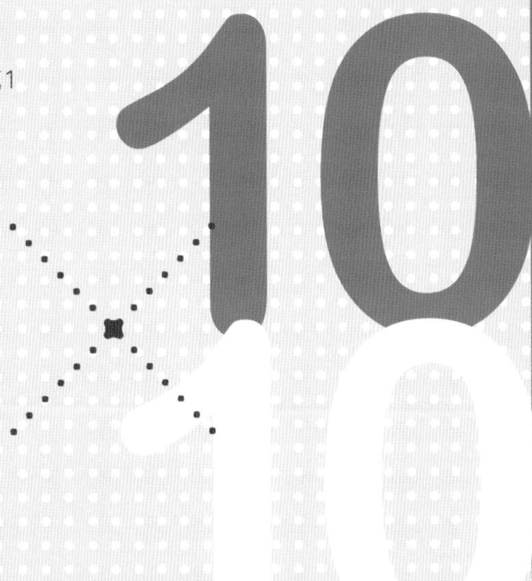

｜材料｜

烏魚子60克、雞蛋2個、青蒜花40克、美生菜30克、蔥花1小匙、白飯200克

｜椒麻醬｜

鹽1大匙、胡椒粉適量、醬油1大匙

｜做法｜

1 美生菜切成1.5公分的片狀。雞蛋打入碗中攪散。烏魚子切約1公分的小丁。

2 平底鍋燒熱，倒入2大匙油，倒入蛋液，以大火快速炒散蛋至全熟，取出。

3 原鍋再放入烏魚子，以小火慢炒幾下炒香，放入白飯和散蛋、鹽、胡椒粉、蔥花和青蒜花，以中火快速翻炒幾下，最後倒入醬油、美生菜翻炒至入味即成。

編輯悄悄話：
臘肉菜飯是一道有名的上海菜。鹹味的臘肉
片和白飯一起烹煮，不用多做調味，臘肉的
鹹味滲入飯中，加上青江菜，淳樸的菜飯令
人回味再三。

100 臘肉菜飯

| 材料 |
白米2杯（180c.c.的量杯）、水21/2杯（180c.c.的量杯）、臘肉40克、青江菜80克

| 調味料 |
酒2大匙、醬油1大匙

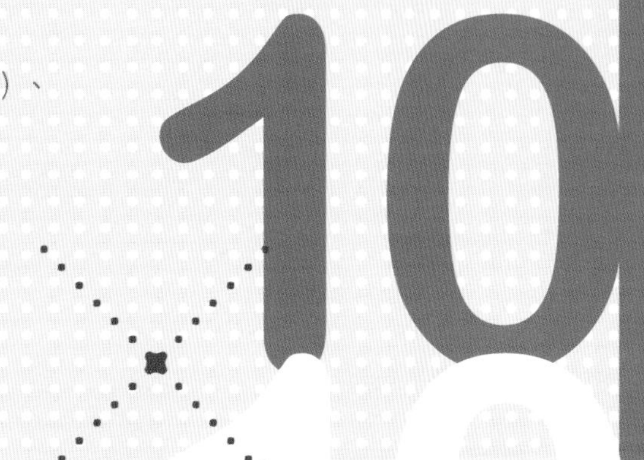

| 做法 |

1 青江菜切適當大小。臘肉切片。

2 鍋燒熱，倒入少許油，放入青江菜、臘肉炒香，續入調味料稍微拌炒，取出。

3 白米洗淨後放入電子鍋，加入21/2杯水，續入青江菜、臘肉片，按下開關，待飯煮好，用飯匙稍微拌勻即成。

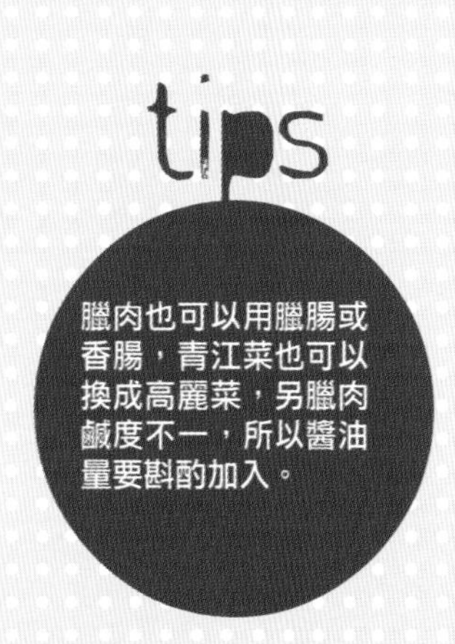

臘肉也可以用臘腸或香腸，青江菜也可以換成高麗菜，另臘肉鹹度不一，所以醬油量要斟酌加入。

COOK50087

10×10=100 怎樣都是最受歡迎的菜

國家圖書館出版品預行編目資料
10×10=100——怎樣都是最受歡迎的菜／
蔡全成 著.一初版一台北市：
朱雀文化，2008〔民97〕
面； 公分，--（Cook50；087）
ISBN 978-986-6780-24-0（平裝）
1.食譜
427.1 97005205

出版登記北市業字第1403號

作者■蔡全成
企畫■楊馥美
攝影■張緯宇．宋和憬
美術設計■許淑君
文字編輯■彭文怡
校對■連玉瑩
企劃統籌■李橘
發行人■莫少閒
出版者■朱雀文化事業有限公司
地址■台北市基隆路二段13-1號3樓
電話■(02)2345-3868
傳真■(02)2345-3828
劃撥帳號■19234566 朱雀文化事業有限公司
e-mail■redbook@ms26.hinet.net
網址■http://redbook.com.tw
總經銷■展智文化事業股份有限公司
ISBN■978-986-6780-24-0
初版一刷■2008.04.30

特價■199元

About買書：

●朱雀文化圖書在北中南各書店及誠品、金石堂、何嘉仁等連鎖書店均有販售，如欲買本公司圖書，建議你直接詢問書店店員，如果書店已售完，請撥本公司經銷商北中南區服務專線洽詢。北區（02）2251-8345 中區（04）2426-0486 南區（07）349-7445

●●上博客來網路書店購書（http://www.books.com.tw），可在全省7-ELEVEN取貨付款。

●●●至郵局劃撥（戶名：朱雀文化事業有限公司，帳號：19234566），掛號寄書不加郵資，4本以下無折扣，5～9本95折，10本以上9折優惠。

●●●●周一至五上班時間，親自至朱雀文化買書可享9折優惠。

朱雀文化事業讀者回函

·感謝購買朱雀文化食譜，重視讀者的意見是我們一貫的堅持；
歡迎針對本書的內容塡寫問卷，作爲日後改進的參考。寄送回函時，不用貼郵票喔！

姓名：________________ 生日：____年____月____日
電話：________________ 電子郵件信箱：________________

教育程度：□碩士及以上 □大專 □高中職 □國中及以下
職業：□軍公教 □金融保險 □餐飲業 □資訊業 □製造業
□大衆傳播 □醫護業 □零售業 □學生 □其他

·購買本書的方式
□ 實體書店
（□金石堂 □誠品 □何嘉仁 □三民 □紀伊國屋 □諾貝爾 □墊腳石 □page one
□其他書店 ____________）
□ 網路書店（□博客來 □金石堂 □華文網 □三民）
□ 量販店（□家樂福 □大潤發 □特力屋）
□ 便利商店（□全家 □7-ELEVEN □萊爾富）
□ 其他 ____________

·購買本書的原因（可複選）
□ 主題 □ 作者 □ 出版社 □ 設計 □ 定價 □其他

·最喜歡本書的一道菜是：________________
·最不喜歡本書的一道菜是：________________
·認爲本書需要改進的地方是：________________
·還希望朱雀出版哪方面的食譜：________________
·最喜歡的食譜出版社是：________________
·曾買過最喜歡的一本食譜是：________________

廣 告 回 函
台北郵局登記證
北台字第003120號

TO：朱雀文化事業有限公司

11052北市基隆路二段13-1號3樓

蔡全成的料理世界

中、日、東南亞料理，閱讀蔡全成的食譜，從容完成美味料理！

COOK50083
一個人輕鬆補——3步驟搞定料理、靚湯、茶飲和甜點
蔡全成・鄭亞慧◎著　特價199元
■輕鬆運用電鍋、湯鍋、湯匙，甚至熱水瓶，以2～3個步驟就能做出簡單保養料理。本書所有料理、靚湯、茶飲和甜點，都只要3個烹調步驟就能完成，原來強健身體、吃遍美味真簡單！

COOK50075
一定要學會的100碗麵——店家招牌麵在家自己做
蔡全成・羅惠琴◎著　特價199元
■本書教你如何煮麵、認識各式麵條，成為麵料理達人！中式、日式、韓式、東南亞和歐美麵，一本書通通學會！

COOK50070
一個人輕鬆煮——10分鐘搞定麵、飯、小菜和點心
蔡全成・鄭亞慧◎著　定價280元
■缺乏手藝、沒有廚具？別擔心，免開火也能速成好菜，簡單利用電鍋、電磁爐、平底鍋，完成超懶人料理。

COOK50063
男人最愛的101道菜——超人氣夜市小吃在家自己做
蔡全成・李建錡◎著　特價199元
■101道男人最愛的小吃、麵飯和快炒，教你輕鬆抓住身邊男人的脾和胃！只要知道他們愛吃什麼菜，每盤菜必定都受歡迎。

COOK50055
一定要學會的100道菜——餐廳招牌菜在家自己做
蔡全成・李建錡◎著　特價199元
■本書特別挑選出做法簡單、材料易備、色香味俱全的100道菜，讓你以最簡單的做法，在最短的時間內獨立完成一桌好菜。

COOK50052
不敗的基礎日本料理——我的和風廚房
蔡全成◎著　定價300元
■最基礎的日本料理書，內含小菜、醋物、炸物、煮物、麵、飯、壽司、鍋物等，即使沒有大廚的手藝，一樣做出美味的日本料理。

QUICK013
超簡單醋物・小菜——清淡、低卡、開胃
蔡全成◎著　定價230元
■本書教你利用4種醋（白醋、白酒醋、紅酒醋和巴薩醋）調配出24種常用的調味料，設計出口味清淡且開胃的小菜食譜。

BEST02
隨手做咖哩——咖哩醬、咖哩粉、咖哩塊簡單又好吃
蔡全成◎著　定價280元
■只要利用市售的咖哩醬、咖哩粉、咖哩塊和調理包，買回家簡單處理，餐桌時常都能飄出咖哩香。

{10×10=100 怎樣都是最受歡迎的菜}

如果一年只買一本食譜，這是你的唯一選擇！

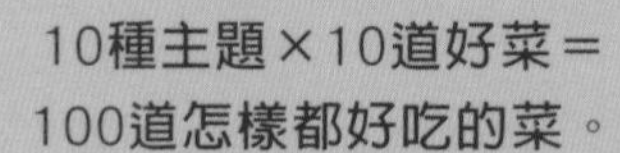

10種主題×10道好菜＝
100道怎樣都好吃的菜。
●無論中式、東南亞、日式、
韓國及西式多國料理，
●無論任何時間、任何情境，
想做就做，想吃就吃的
超經典料理100！

·暢銷書作者·
蔡全成著
+
楊馥美企畫

特價NT$ 199

烤火腿馬鈴薯泥

00199
978-986-6780-24-0
定價280元 特價199元

家常美食100道

梁淑嫈 著

今天吃什麼

breakfast lunch dinner

cook

朱雀文化

今天吃什麼

breakfast lunch dinner

100道早中晚餐，包括

晚餐——快炒類、羹湯類，

中餐——便當菜、簡便快餐，

早餐——中式早餐、西式早餐，

以及各種替代食材，

讓你輕鬆搭配一日三餐，

不必再苦惱：今天吃什麼？

感謝

KEYMOOD

基木生活家

餐具提供